总有一天，
所有人
都会为你鼓掌

刘 颖 /著

中国华侨出版社

图书在版编目（CIP）数据

总有一天，所有人都会为你鼓掌 / 刘颖著. —北京：中国华侨出版社，2016.3 （2021.4重印）

ISBN 978-7-5113-5992-6

Ⅰ.①总… Ⅱ.①刘… Ⅲ.①成功心理—通俗读物 Ⅳ.①B848.4-49

中国版本图书馆 CIP 数据核字（2016）第 040793 号

总有一天，所有人都会为你鼓掌

著　者／刘　颖
策划编辑／邓学之
责任编辑／文　喆
责任校对／孙　丽
封面设计／尚世视觉
经　销／新华书店
开　本／710 毫米×1000 毫米　1/16　印张／15　字数／186 千字
印　刷／三河市嵩川印刷有限公司
版　次／2016 年 5 月第 1 版　2021 年 4 月第 2 次印刷
书　号／ISBN 978-7-5113-5992-6
定　价／42.00 元

中国华侨出版社　北京市朝阳区静安里 26 号通成达大厦 3 层　邮编：100028
法律顾问：陈鹰律师事务所
编辑部：（010）64443056　64443979
发行部：（010）64443051　传真：（010）64439708
网　址：www.oveaschin.com
E - mail：oveaschin@sina.com

自序

　　有一句经典的励志格言：人都是逼出来的，不逼一下自己，你就永远不知道自己有多优秀！是的，生于安乐，死于忧患。一个人要想成功，就得经过几次深入生活的磨炼；一个人要想优秀，就得狠狠地逼自己一把。没有破茧而出的勇气，就不能成为翩翩的蝴蝶；没有破釜沉舟的意志，就不可能有"百二秦关终属楚"的壮举。伟大是熬出来的，优秀是逼出来的。一个不敢挑战的人，是很难成其大事的；没有逼迫自己的思想，是不可以创造出奇迹的。所以，你如果舍不得逼自己一把，你也许永远都不知道自己有多么的优秀。

　　其实，生活中每一个正常的人，刚出生时的智商和情商都与他人差不多，大家几乎是处在同一水平线上的。可是，通过后来的成长与发展，为什么有的人非常的出色、优秀，而有的人却平凡、平庸甚至很落魄呢？所以，作为芸芸众生中的一员，我们不经历风雨，又怎么能见到彩虹？我们不敢经受任何的失意困苦，又怎么能让自己去书写灿烂的人生呢？"文王拘而演周易，仲尼厄而作春秋"。穷则思变，生活中的每一点磨难，都是助我们走向优秀的考验。只有被生活逼急了，我们才可以上梁山、做好汉。困难时没人帮助，便学会了自立；害怕时没人保护，便学会了勇敢；痛苦时没人呵护，便学会了坚强。所以，别把一切坏事都当作对生活彻底绝望的理由，面对困难总是绕道而行，生怕受一点点苦累，也就自然不会有优秀的成就可言。要知道，一个人只有经过从天堂落入地狱的锻炼，才能承受生活中的一切苦难，也才能安然享用苦难过后生活所赠予的甘美果实。

在这个热血沸腾的时代，人人都想活得精彩，人人都想成功。但是，活得精彩的人和成功的人看起来永远是少数，大部分人都或多或少觉得自己活得不精彩或者不成功。因为成功需要努力，需要经过一番"寒彻骨"历练等。虽然每个人都在奋斗，但每个人成功的原因各不相同，因而暂时没成功的或者暂时活得不够精彩的人更需要敢于拼一把的精神。本书从人生要经过"折腾"、要正视现实、要遇事淡定、要内心强大、要逼自己一把、要笑对逆境、要百折不挠、要不焦躁和不断挑战自己9个方面，不但给暂时没成功的或者暂时活得不够精彩的人以精神上的激励、心灵上的安慰，还给我们指出了活得精彩的方法及一些成功的故事。所以，本书可谓是广大渴望成功的朋友们最难得的精神食粮！

"猪圈里养不出千里马，花盆里养不活万年松。"一个人没有狠下心来，让自己经受磨难困苦的意志，是成不了大气候的。只有承受了非同常人的痛苦，只有在命运的洗礼中逐渐完善自己的各方面能力，只有不断地磨砺自己的心性，才能自我蜕变，才能重新成长，才能堪当生活的大任。作为一个有志之人，拼命地学习吧，努力地奋斗吧，总有一天成功之神会向你敞开幸运的大门，总有一天所有人都会为你鼓起掌声！

刘颖

目录
Contents

第九章　不断挑战自我，塑造最优秀的自己

第一章
人生不经过"折腾"，体会不到生活精彩

人生只有经历过，才能真正体会到什么是生活。年轻人很多事没经历过，因此就不要怕这怕那，在追求自己理想途中，尽情地去"折腾"，寻找解决问题的办法，克服面临的一切困难，从而实现自己的梦想，创造自己精彩的生活。

1. 年轻时不怕输，你"折腾"几次又何妨

年轻的我们，应有输得起的资本，应敢于折腾，应有拿得起放得下的气魄，才能使自己百炼成钢为绕指柔。要知道，机会是为那些敢于折腾的人而存在的，人生只有通过社会和环境的反复锻炼，才能一步一步地走向成功，所以"只有敢折腾才能创造机会；只有经过折腾才能不断成长；只有善于折腾才能逐步成功"。

有人说："生命不够丰富，是因为折腾得太少。"是的，"折腾"可以让我们亲身体验最深刻的智慧。所谓"叮叮当当，久炼成钢"，实践与尝试是人生最好的老师，而反复"折腾"则可以不断地磨炼自己，使我们的生命越来越充实与茁壮，因而有话说"小折腾磨炼出小人物，大折腾磨炼出大人物"。因此，"梅花香自苦寒来"，生活在"折腾"中积累经验，生命在"折腾"中越发精彩。那么，只要我们还年轻，我们就不怕输；只要我们有力气，就要可劲"折腾"。让青

春在"折腾"中腾飞，让生命在"折腾"中绽放。

影视巨星史泰龙，在娱乐圈可谓享誉世界，他以"武打动作"在好莱坞占据巨星的地位。但是小时候的他在人们的眼里可是丝毫没能与"动作片巨星"连在一起的可能。因为童年时他的生活非常贫苦，长时间被寄养在别人家里，同学们都觉得他最有可能是"在电椅上结束生命的人"，可见小时候的他并没有什么过人的天赋。

到了15岁那年，史泰龙已经上了12所不同学校，而频繁更换学校的原因大部分则是因不受欢迎而被开除。他回忆说："我的校园生活就像在地狱里一样。由于学习成绩一塌糊涂，被老师们一致认为是一个带坏其他同学的典范。"后来，他又在林肯高中读书，但读到十年级时就辍学了。而且，这种糟糕的情况一直持续到成年以后。

为了维护生活，年轻的他曾经努力创作，写了一部武侠剧本。为了将其推荐出去，他吃了无数的"闭门羹"。当时，美国有500家好莱坞电影公司，他带着自己的剧本一家一家地徒步去拜访，却没有一家公司对他的大作感兴趣。这时，他虽然有些伤心，但并没有就此丧气。

过了几天，他又鼓起勇气，开始第二次自我推荐，但这次又同样被拒绝了500次。这时，朋友们都以为史泰龙会放弃自己的剧本，没有信心继续下去了。但是，史泰龙仍然没有气馁，他仍然对自己的人生怀抱执着信念，并全心全意地坚持着自己童年的梦想——做演员，拍电影。为了控制自己的命运，不管生活如何不堪，他始终都让自己充满希望。

在第三次被拒绝后，他又带着剧本开始第四次拜访推荐，态度仍然与第一次那样诚恳、热情。当他访问到第 350 家时，他终于打动了"幸运之神"——一个好莱坞电影公司的老板留下了他的剧本。不仅如此，这位独具慧眼的老板让史泰龙饰演剧中人物的主角，将这个本剧拍成了一部电影。从此，史泰龙踏入了梦寐以求的演艺圈。

不久之后，随着演艺事业的发展，他成为世界当红巨星，声誉响遍全球。但是，他的成功既不是偶然的，更不是一步得来的，而是历尽曲折、几经折腾的。据说，为了模仿影视中的英雄人物，史泰龙在练习一些武打动作时，竟然骨折过 11 次。由此可见，他的成功包含着多少坎坷与磨炼。

生活就是生活，我们不必诉苦生命中有太多的曲折。要知道，人生就是由各种不同的变故、循环不已的痛苦和欢乐组成的，与其把不顺心的事情当成不幸，还不如当作磨炼。生命的本来就是一场从无到有、从有到无的轮回，所以人生旅程总是难免有高山、平原。年轻总是与无知、愚昧挂钩，生活总是充斥着"折腾"与坎坷。因此，挫折与风浪并不可怕，它们正是我们进步与进取的最好时机。要知道，如果没飞沙的狂舞，沙漠就没有壮观的身姿；如果没有巨浪的翻腾，大海就没有波澜壮阔；如果没有千锤百炼的铸造，矿石就难以实现昂贵的价值；如果没有狂风暴雨，彩虹就显不出绚丽的身姿；生活中如果没有一点困难，人生也就失去了意义。所以，生命不怕磨炼、人生不畏折腾。无数的英雄人物都是从苦难中走出来的，是无数的苦难成就了他们不凡的人生。所以，人生要经得起"折腾"、经得起考验，才能打造生命的辉煌。

年轻的我们，应有输得起的资本，应敢于"折腾"，应有拿得起放得下的气魄，才能使自己百炼成钢为绕指柔。要知道，机会是为那些敢于"折腾"的人而存在的，人生只有通过社会和环境的反复锻炼，才能一步一步地走向成功，所以"只有敢折腾才能创造机会；只有经过折腾才能不断成长；只有善于折腾才能逐步成功"。

因此，人生一定要经得起考验，受得起折腾，要主动寻求折腾与被折腾的机会，只要我们能经得起以下几种折腾，就可以让自己立足社会，使自己的人生得以安身立命。

1. 经得起挫折的折腾。

人生难免会遇到挫折与不顺，尤其是那些杰出的人，遭到他人的打击与排挤就越多。如果他们经不起这些困苦，又怎么能显示出自己的风光与成就呢？所以，那些成功的或优秀的人士往往经历过无数的挫折与打击，一定付出过巨大的努力，才登上了辉煌的顶峰。

2. 经得起压力的折腾。

可以说生活中压力无处不在，没有压力的人生是不存在的。比如，一朵小花只有经得起风吹雨打，才能开出娇艳的花朵；一棵树苗只有经得住狂风骤雨，才能长成参天大树。而一个人只有经得住生活的压力，才能驾驭生活。要知道，压力最大的时候，是效率最高的时候。不被压力吓倒，就能有所突破。所以，我们只有冲破重重的压力，接受压力的煎熬，受得起生活的折腾，才能使自己生活得快乐而美丽。

3. 经得起磨炼的折腾。

"梅花香自苦寒来，宝刀锋从磨砺出。"一块矿石，经得起无穷的磨炼才能成美玉，一把钢刀，经过千磨万砺才能锋利无比。有过无数苦难体验的人，都能体会到幸福的真谛。因为他们是踏着一个困难接着一个困难，才一步步走到平坦的大路上。所以，面对生活的泥潭，只要我们能奋力地挣扎，就可以突破人生的障碍。

4. 经得起毁谤的折腾。

话说"誉之所至，谤亦随之"，一个人在获得荣誉与赞美的同时也往往会受到诋毁与诽谤。因为世间不光是君子，还有小人的存在。纵然那些再正直无阿的人，也难免会受到他人的嘲讽。所以，一个优秀的人，必须经得起他人的冷眼与毁谤，守得住自己的清白，才能使自己的光环持久。

2. 你若善待世界，世界也会善待你

　　生活就是一面镜子，我们哭它也哭，我们笑它也笑；而世界就在我们的内心，我们内心的舞台有多大，世界就有多大。我们感恩生活，生活会将灿烂的阳光赐予我们；我们容得下世界，世界才会接纳我们。

　　有一首古诗说："横看成岭侧成峰，远近高低各不同。"不识庐山真面目，只缘身在此山中。为什么看不清庐山的真正面貌呢？因为我们就在庐山之中，所以，才远近高低各不同——横看像岭侧看像峰，辨不清楚它到底是什么样子。正如我们看生活、看世界一样，总是出现盲人摸象的现象，不知道生活是什么格调，更不明白世界究竟是什么样子。

　　很多时候，我们都会觉得世界是那么狭隘，生活总是那么不堪，处处都与我们作对，事事都与我们过不去。殊不知，生活就是一面镜子，我们哭它也哭，我们笑它也笑；而世界就在我们的内心，我们内

心的舞台有多大，世界就有多大。我们感恩生活，生活会将灿烂的阳光赐予我们；我们容得下世界，世界才会接纳我们。那么，若想世界变得宽广，人生变得美好，我们不必仰望别人或指责别人，因为我们自己才是其中最主要的枢纽。

当年，一位国王被赶下王位，并被关在监牢之中。他家人的待遇也非常糟糕，尤其是年轻王子的遭遇更加不堪——他被无情地带走了，离开了所有亲人与熟悉的家园。那些人认为：王子是王位的继承人，若能在思想与道德上把他摧垮，那么，他就永远也无法实现生活赋予他继承王位的伟大使命。

于是，他们把年轻的王子带到一个偏远而又野蛮混乱的社区——让这个涉世不深的男孩接触各种卑鄙邪恶的事物，让他与那些淫荡猥亵的女人生活在一起，天天听一些粗鄙庸俗之言，并给他提供沦为饕餮之徒的各种食品与美味。这里的人下流无耻，不懂得什么是信誉和道德。那些人让他生活在这种环境之中的目的就是要让他灵魂受到邪恶的诱惑而堕落。这种荒诞的生活一下子持续了大半年。

面对种种无尽的欢娱与淫靡的诱惑，年轻的王子并没有堕落，他有着坚强的意志，使自己一刻也没有屈从于本能的欲望与压力，那些"温柔"，那些"甜蜜"，那些"欢乐"，明明白白地摆在那儿，唾手可得，但他却没有涉足。最后，有人问他，你为何能抵抗住这些本能的诱惑？年轻的王子平静地回答说："我无法这么做，因为我生来就是做国王的。"

这个故事向我们证明：你怎样看世界，你就得到怎样的世界。无论现实是多么污秽与不堪、黑暗与丑陋，只要我们的内心是洁净明亮的，用简单做生命的底色，那么，我们就会看山是山，看水是水，世界就会是阳光明媚、鸟语花香的。再卑微的人生也有幸福存在。微笑向暖，总有一处风景会因为我们而美丽。淡看人间事，潇洒天地间。潇洒的人生要学会淡看缺憾，心里想开多少事，就能得到多少快乐。您胸中容得下多少人，就能赢得多少人。喜欢了就争取，错过了就遗忘，再完美的人生也有缺憾，随缘而动，随性而喜，不要停留在过去，心里只装未来的快乐，你真心真情去对待世界，世界也会用真情拥抱你。

迈瑞是个朝气蓬勃的年轻人，非常热爱大自然的山川河流，一有时间就会到野外去，对美丽的自然风光总是流连忘返。但是，有一天，他惊讶地发现所看到的一切景物都发生了巨大的变化。这令他惊讶不已。他发现，远处的山脉、近处的树木以及路边的花草都失去了原来的魅力，光彩不见，一切都变得黯然失色。这令他非常懊恼。他便急忙去看医生，才知道是自己的视力有问题。

原来，迈瑞的眼睛高度近视，他平时总是戴着近视眼镜。最近，他去医院换了一副隐形眼镜，但没想到粗心的眼科医生竟然将镜片给他戴反了，所以导致视物出现巨大变化的情况。

事后，迈瑞非常感叹地说："当我们看到一件事物突然变坏，远不如之前美好时，这很多时候并非是事物变糟糕，很可能是由于我们的视觉出了问题。"

是的，当我们感觉一件事情的发展情形越来越不好时，其原因可能与我们的思维判断有关，而不是事物真的变差了。因此，很多时候我们往往由于自己错误的思维定式，以为世界上的一切都对我们抱有恶意，而不知错失了很多美妙的东西。由此可见，当我们用不完整或不正确的思维眼光来观察生活或来衡量世上的一切时，往往就会像戴着度数不准的眼镜一样，产生错觉与误差，使一切原本很美好的事物，变得逊色或者可恶起来。在生活中这种情况屡有发生，当我们与某些事物或他人互动时，如果发生了不愉快的情景，往往就会产生负面的情绪和负面的感受，而这时我们也往往会认为这是那件事物或那个人引发的，而很少能想到我们自己在其中有很大的主导原因。不知道那些不愉快或不高兴的根源大多是来自我们内心。

其实，我们每个人的成长经历中，自身都会有一些不合乎社会、家庭以及学校等的规则标准的某些个人特质，比如个性偏执、懒惰、任性等，在人格不断发展过程中，这些往往就会形成心结埋藏心底，在生活中一旦某些事物将这些心结牵引出来，我们往往就会制作出一些愤怒、批判、抑郁等不良的情绪或情况发生。

比如，一个平时认为世界充满冷漠而没有丝毫温暖的人，就会觉得自己的生活处处都被人排斥、漠视甚至挤压；一个自卑落寞的人，在生活中常常感受到别人都在瞧不起他、不尊重他等。这些情况，很明显地告诉我们：我们怎样看世界，也就得到怎样的世界。我们怎样对待世界，世界就会怎样对待我们。所以，我们只有心里充满阳光，才能发现世界的可爱与美丽。

3. 你不向困难投降，困难便向你投降

在勤奋与坚韧面前，没有哪条河流不可能渡过，没有哪座山峰不可能跨越。每个人都可以用心中的希望取代人生的绝望，都可以成就许多看来似乎是不可能的事业，只要你不轻易向困难投降。

五月天的《倔强》里说："被火烧过才能出现凤凰，逆风的方向更适合飞翔，我和我最后的倔强握紧双手绝对不放，下一站是不是天堂就算失望不能绝望，我不怕千万人阻挡，只怕自己投降！"

是的，在这个纷繁复杂、充满坎坷与陷阱的社会，生活必定会充塞着诸多的风雨与不如意。这时，我们没有必要去羡慕别人的成功，更没有必要轻贱自己。只有坦然地走过风雨，尝尽苦辣，把弯路走直，把直路走完，我们才可以看到黎明的曙光！

为了看看阳光，我们才来到这世界；为了理想，我们才去努力拼搏。但很多时候，我们看不到前面的希望时就会产生绝望心理，从而

在困难面前低下了曾经高昂的头，而苟安于当下的生活，不知道明天的方向。生活中有很多人在事情的初期充满了斗志，而在事情完成的那最后一刻却萎缩了，在成功到来之前那一刻一败涂地。因此，我们的失败，我们最大的悲哀，大多的时候与我们的素质及能力无关，而是缺少坚韧的毅力，缺少在困境中挣扎的勇气。许多失败者的悲剧，就在于被眼前的障碍所吓倒。他们选择了向困难投降，自己打败了自己。结果，也就失去了应有的荣誉，失去了成功的机会。

印度作家阿鲁瓦里亚是一名少校，是一个不肯向困难投降的人。年轻的时候他曾经登上过珠穆朗玛峰。他说站在那座世界最高峰上时，心中充满了无限的激情。但是，几年后生活却大大地捉弄了他。在一次战役中，他被一个狙击手击中了颈部，这使他从一个攀登高峰的英雄变成一个寸步难行的残疾人。他所有的行动都不得不依靠轮椅。

阿鲁瓦里亚所有亲人和朋友都对这突如其来的厄运感到震惊。这对阿鲁瓦里亚来说无疑是一个天大的讽刺：曾经拥有强壮的双腿和体魄的壮汉从此就一蹶不振了吗？阿鲁瓦里亚的内心非常的痛苦。面对残酷的现实，经过一番对精神的苦斗之后，他又"攀登上了内心的珠穆朗玛峰"。

阿鲁瓦里亚没有向困难屈服。他相信自己有战胜悲惨命运的能力。于是，他没有因此变得悲观消沉，而是决心奋发图强。他一边刻苦地学习，一边开始了自己的文学创作生涯。他先写了一本自传，用自己坎坷不屈的人生经历向世人证明一个富有传奇色彩的故事。书非常励志，出版后立即受到广大读者的喜欢。这鼓舞了他写作的信心。

在此后 20 年时间里，他写出了多部世界畅销书，有的还被翻译成多国文字，成为一位颇有名气的作家。

当媒体记者采访阿鲁瓦里亚时，他说："在勤奋与坚韧面前，没有哪条河流不可能渡过，没有哪座山峰不可能跨越。每个人都可以用心中的希望取代人生的绝望，都可以成就许多看来似乎是不可能的事业，只要你不轻易向困难投降。"

歌德说："能从绝望中逃脱，一定要有坚强的意志。"是的，坚毅成为我们最长的短板，投降困难成为我们最坏的习惯。一个人要是绝望时，是没有时间去唉声叹气的，他只能让自己从绝望中坚强地站起来；否则，他就只能向困难投降，从此一蹶不振。所以，当我们失去一次次微笑着感受人生喜悦的机会时，也违背了自己少年时的立志，从而一生都向困难低头。曾经的豪言壮语，似乎是一个世纪之前的记忆，我们也沦落成一个少时最憎恨的那种人而活得萎萎靡靡。我们如果认为自己是虚弱而无能的人，也就缺乏面对生活挑战的能力，如果我们认为自己是一个能力强大，敢于面对一切的人，就可以面对一切困难。因为一个人一旦学会了奋发向上的技巧、能力和力量，就没有任何事情能把他打败。

4. 远离抱怨、埋头苦干，成功才会靠近你

人生本来就是欢喜与悲伤不断交替的，我们抱怨得越少，欢乐才会越多。我们只要量力而行，努力进取，就可以自得其乐。因此，不抱怨是一种人生的智慧，珍惜时间去努力却是成功的基础，当我们对生活充满了积极的热情时，生活也会为此变得阳光了许多。

有句名言说："一个人正如一只时钟，是以他的行动来定其价值的。"是的，任何成功与收获都是靠行动与实干得来的，不劳而获只能是一种妄想。唯有兢兢业业地实干，才能获得成功的青睐，才能为事业打下坚实的基础。

不过，生活中常常有些人不懂此道理，而喜欢抱怨。他们总是抱怨命运不公平，抱怨事业不顺，抱怨自己怀才不遇，抱怨婚姻不幸福，抱怨生活、抱怨他人，从而抱怨连连……他们总是抱怨这抱怨那，并把失败的原因归纳到他人身上。因而，这样的人总是牢骚满腹，一味

地怨天尤人，却从不知道在自己的身上找原因。抱怨能解决问题吗？抱怨能改变现实吗？不能。因为习惯抱怨的人往往不会创造快乐与幸福，而是依赖命运给的幸福；习惯抱怨的人，通常缺乏自信；习惯抱怨的人，只会让自己被孤立——生活中没有人会喜欢一个整天抱怨不已的人。抱怨解决不了任何的困难和问题，只会增加你的烦恼，让你离快乐和成功越来越远。

　　人生本来就是起起落落、风风雨雨的，如果稍有一些不如意就去抱怨的话，只能徒添烦恼。要知道，抱怨过后于事物的发展没有任何的改变，还会让本来平静的生活多了一片嘈杂与不安。因为我们抱怨他人时，我们在生活中就找不到了和睦与依靠；我们抱怨世界时，心中的怨气就会禁锢了我们对美好生活的向往。所以，不管我们的生活有多么坎坷，是充满遗憾还是悲凉，抱怨都只会让它变得更加的忧伤。而且，抱怨又是一种很不健康的心态体现，抱怨别人冷漠，只能证明我们自己缺乏热情；抱怨他人的绝情，反映了我们自己也不懂得感恩。并且，那些喜欢抱怨的人通常都是不敢承担责任的人，他们不但自己活得痛苦，还总喜欢将失误推给他人。所以经常抱怨，只能说明我们的内心有多么的不堪。想想这些不能改变的事实，我们不如换个角度、换个心境，学会行动，付出辛苦，来一场实干。不去计较自己所受到的不公平待遇，不去计较自己所受的苦，以满腔的热情去进取，想必终将会得到回报。因为是金子总会发光的！

　　有一个名校毕业、满腹才华的年轻人总是郁郁寡欢，他为自己怀才不遇、一直得不到重用而心烦。

　　一天，他又因为苦闷而喝醉了酒，便去质问上帝："老天啊，你为什么让命运对我如此不公? 难道你不知道我有满腹的才学吗?"上帝听了没有立即回答,而是捡起一颗小石子仍在乱石堆中,并令年轻人去捡起来。但这颗小石子太普通了,没有任何吸引人的地方,于是年轻人翻遍了整个乱石堆都找不出哪颗石子才是上帝刚扔下去的。这时上帝仍然没说话,而是将自己手上的那枚光灿灿的金戒指扔到乱石堆中。结果,年轻人一下子就找到了。因为那枚金戒指太耀眼了,它闪闪发光、璀璨无比,在乱石堆中显得多么地与众不同。

就这样,上帝虽然没有说过什么,但年轻人一下子醒悟了——是金子总会发光的! 并且,当自己还是芸芸众生中一颗普通的石子时就不要抱怨;当自己成为一块金光闪闪的金子时,幸运之神就一定会看到自己!

有人说,抱怨是一种愚昧的体现,因为我们越是抱怨内心也就越痛苦。而且,抱怨还是一种狭隘偏执的心性体现,使我们不能客观理智地分析一些事物,从而对生活抱有偏见的态度。当我们把抱怨当成一种习惯时也就等于丢失了属于自己的整个世界。所以,人生大可不必抱怨什么,不要整天牢骚满腹。要知道,人生本来就是欢喜与悲伤不断交替的,我们抱怨得越少,欢乐才会越多。我们只要量力而行,努力进取,就可以自得其乐。因此,不抱怨是一种人生的智慧,珍惜时间去努力却是成功的基础,当我们对生活充满了积极的热情时,生活也会为此变得阳光了许多。

下面是人生的三个不抱怨,可供我们学习与借鉴。

1. 不抱怨他人。

世界上没有十全十美的玉石,自然也没有十分完美的人。所以,当他人有些缺点或做了对不起我们的事情时，不要一味地抱怨。因为我们自己也不是完美的，也存在这样或那样的缺点。所以，为了能与他人和睦相处，为了生活得快乐一些，我们就要多一些包容和善意，少一些指责与抱怨。

2. 不抱怨生活环境。

我们任何人的生活环境都不可能是一成不变的，从小到大我们往往需要搬迁或变更几个不同的生活环境。有的搬迁之后生活环境良好，而有时却很不理想。对此，我们也不要抱怨或心怀不满，而应让自己学会适应环境，学会入乡随俗，让自己在任何环境下都能持之以恒、乐观向上，才能扎稳根基，去打造自己理想的生活。

3. 不抱怨工作辛苦。

无论从事什么工作，无论工作的情况如何，喋喋不休或心怀不满的抱怨，对工作来说注定于事无补。因为一味地抱怨或是想逃避责任，都是自甘堕落的心态体现。要知道，抱怨是最无所作为的工作态度，有时间去抱怨还不如腾出时间去努力将工作做好。所以，只有抛弃抱怨的态度，才能获得工作的乐趣，才能创造美好的前程。

5. 不要自我设限，超越人生藩篱才会成功

一位哲人说："世界上没有跨越不了的事，只有无法逾越的心。"
在生活中有很多很多的人没有取得成功原因并不是他们没有努力过，
而是他们无论如何努力，都不敢逾越自己内心的底线。他们的心里面
也给自己设了一个"高度"，并默认为自己是没有办法超越这个高
度的。

总有一天，所有人都会为你鼓掌

有话说"知足常乐，悠然自得"，但知足自满的人，一生注定平
庸无奇。一些无欲无求的人，获得一点小成就就容易心满意足，觉得
自己已经很了不起，从而自我设限，不思进取，缺乏斗志。生活中有
很多这样的人，常常因为自我设限而埋藏了自己的无限潜能和大好前
程，从而局囿在自己的小天地里，而故步自封，无所事事，失去了上
进的动力与机会。比如，他们看到别人穿名牌开豪车，就认为是人家
的命好，说："一看人家就是有福的人，我这辈子是没这命了"，而从

未想到人家可能是通过努力进取与付出而获得了"福"，而自己的
"福"也可以通过这种方式去获得。

自我设限的心理是非常可怕的，是我们进取的天敌，也是我们必
须克服的障碍。其实，很多时候，我们是被自己打倒的，面对一件事
情我们总认为自己不可能做好，也就停止了，那么我们就永远不可能
办到。所以，很多人的不成功，不在于他们没有努力过，而是他们给
自己定了许多的条条框框，使自己局限于其中，像一堵厚厚的墙，限
制了他们思考的空间，再也不敢去开创。

一位心理学家，用跳蚤做过一个实验。他先测试跳蚤跳的高度，
发现其跳的高度均在其身高的 100 倍之上。他心里有谱之后，就把一
些跳蚤放进一个高度可以跳出来的玻璃杯里。果然，跳蚤很轻易地就
跳了出来。这时，心理学家又把跳蚤重新放在杯子里，并在杯子上面
加了一个玻璃罩。这样一来，跳蚤在里面撞得玻璃杯的罩子"砰、
砰"的，跳得很用力，但就是跳不出来。

经过多次撞击之后，这些跳蚤开始变得聪明起来。它们跳起时不
再撞击杯子上面的罩，而是降低了所跳高度。

这时，心理学家又将玻璃罩降低了一个高度。跳蚤们又一次地撞
到玻璃罩上之后，它们又降低了自己所跳的高度。心理学家又将玻璃
罩降低了。跳蚤们又随之降低了所跳的高度。如此几次之后，跳蚤们
渐渐不再跳跃，而是像不会跳的虫子一样老老实实地待在玻璃杯里。

最后，心理学家拿掉了杯子上面的玻璃罩，它们也不知道往外跳，
而是在杯子的底部慢慢地爬行——这时它们从跳蚤变成了"爬蚤"。

难道跳蚤真的不能跳出这个杯子吗？绝对不是。只是在经过几次

"碰壁"的挫折之后，它们心里已经对这个杯子产生了畏惧，并默认这个杯子的高度是自己无法逾越的坎儿。在我们的生活中，是否有许多人与"跳蚤"有着类似的人生，从一只敢冲敢撞的"跳蚤"变成了亦步亦趋、小心翼翼的"爬蚤"呢？肯定有。因为生活中确实有好多人，在经过几次尝试而没有成功之后，就"被撞怕了"，开始怀疑自己的能力，开始给自己设限，一而再、再而三地降低自己的标准，并渐渐在心中形成一道藩篱，养成一种凡事都不可逾越的习惯。这道藩篱比"玻璃罩"更可怕，因为它会让人产生持久的畏惧心理，思维仿佛受到了一个失灵的罗盘的指引，再也不敢冲破人生的局限。即使某一天，上帝拿掉了"玻璃罩"，打开了幸运的大门，他们也早已经习惯了生活在"玻璃杯"底部，不敢再产生跳出杯子的念头，从而无法冲破人生的局限。

很早以前，在纽约街头，有一位卖氢气球的人。哪儿孩子多，他就在哪儿叫卖。每当生意不好的时候，他就会把那些五颜六色、花花绿绿的氢气球抛上天空。这样，不大一会儿，他就能引来很多小孩子围观。个个兴高采烈地夸他的气球漂亮，并争相去购买。如此，他的生意就会再次好起来，而他也会像孩子一样乐在其中。

不过，他发现一个奇怪的情况：围观的孩子大多是白皮肤的，那些肤色黝黑的孩子很少参与其中——他们偶尔只会远远地观望。这令他很困惑。

但是，有一天，他发现一个黑皮肤的孩子也在与大家一起围观，只是那个孩子的脸上没有兴奋之情，而是用惊奇与疑惑不解的眼光望着天空中那只飘来飘去的黑气球。哦……他顿时明白了：原来在当时纽约的孩子心中，黑色不但代表着肮脏、丑陋、怯弱，并且还代表着卑劣、贫穷和下贱。所以，这个内心局限在"黑色"自卑中的孩子，是无论如何也不敢相信"黑色"气球也可以像其他颜色的气球一样能在天空中飘扬的。明白了这个黑人孩子的心思之后，他微笑着走了过去，说："孩子，气球能不能飞上天空，在于它心中有没有想飞起来的那一口气，而不在于它是什么颜色。所以，就算是黑色的气球，只要它心中的那一口气够足，它也一样可以在天空飞扬！"

这个卖气球的人说得很对，气球能不能飞上天，不在于气球是什么颜色，而是气球里面的氢气是不是足够。在生活中，我们也是如此。如果你认为自己不行，那你肯定就不行，而不在于你是白人的孩子还是黑人的孩子。不管你的肤色是黑还是白，也不管你长得高矮胖瘦，只要你不给自己设限，那么，人生中就没有限制你潜能发挥的藩篱。

一位哲人说："世界上没有跨越不了的事，只有无法逾越的心。"在生活中有很多很多的人没有取得成功原因并不是他们没有努力过，而是他们无论如何努力，都不敢逾越自己内心的底线。他们的心里面也给自己设了一个"高度"，并默认为自己是没有办法超越这个高度的。比如，他们心里总在想：我学历那么低，好公司怎么会雇用我；我口才能力这么差，怎么跟人家进行良好沟通；我长得不怎么漂亮，人家怎么会喜欢我；我的年龄有些大了，怎么能与年轻人相比等，将自己"罩"在里面，再也无法朝前迈步，导致自己的潜能和欲望没有发挥出来，从而使自己的人生一事无成。

由此可见，"心理高度"是人无法取得成就的根本原因之一。心中的局限是一种非常可怕的东西，因为它和其他人性的弱点一样，会让我们流入平庸之辈，更像一个瓶颈牢牢地困住我们前进的步伐。我们只有突破它，打碎心中的"玻璃罩"，才可以排除一切局限与障碍，才有可能爆发潜在的能量，才可以勇敢地去开辟新天地。要知道，我们能取得的成功，会远远超过我们的想象。

第二章
现实残酷不可怕，关键看你如何对待

　　世间不可能永远是晴天，人生道路上不可能一帆风顺。在激烈的社会竞争中，我们面临的现实可能是残酷的，但这并不妨碍我们年轻人追求梦想，因为我们换一个角度看残酷的现实，就会发现它对我们是一个很好的考验，是我们实现梦想、走向成功的磨刀石，是我们实现人生价值的最好支撑。

1. 无论现实多骨感，理想永远要丰满

没有经历过折磨的雄鹰永远不能展翅高飞。苦难是成长的必修课。不经一番寒彻骨，哪得梅花扑鼻香？所以，残酷现实的磨炼是人生最好的试金石。要知道，上帝把苦难抛向人间的时候，其实也准备好了丰厚的回报。因此，苦难从古至今都是人生的一笔宝贵财富，而弱者视它为绊脚石，强者则视它为垫脚石，就看我们怎么去对待它。

"当我和世界不一样那就让我不一样，坚持对我来说就是以刚克刚，我如果对自己妥协如果对自己说谎，即使别人不原谅我也不能原谅，最美的愿望一定最疯狂，我就是我自己的神在我活的地方，我和我最后的倔强握紧双手绝对不放……"这是五月天歌曲《倔强》里的歌词，充分地说明世界和我想象中的是不一样的，但纵然不一样，纵然完全相悖，我们也不应气馁，也要坚持自己的梦想，无论现实多么骨感，我们也要和"最后的倔强握紧双手绝对不放"，从而让自己的

理想飞翔。

很多时候，现实的种种生活，与我们心中的理想有很大的差别，甚至是背道而驰、差之万里，让我们根本无法在现实与理想之间做出相应的选择与决定，使我们感到希望渺茫，前途难卜，从而心生失望与伤感。

可是，我们一定要知道，生活中所有人或事都与我们想象的是完全不同的。不过，纵然我们身边的世界丑陋不堪，但也不乏美好的存在。所以，我们的理想一定要坚持下去。不仅如此，哪儿都有美好的事物，哪个时代也都有可爱的人。就如同在这个世上，不可能没有悲伤与黑暗存在一样，同样也有光明和温暖并存，因为不管如何，日月都照样会依规律地升起，与我们一起存在于这个世界。我们还有什么好怕的呢？所以，当现实与我们想得不一样的时候，我们也不要过分伤心难过，更不要绝望，而应该从多个角度去思考，或许绝境中藏着生机；或许他人与我们一样有着痛苦的不可言说的经历；或是世界的另一面是温暖的……要知道，天有阴有晴，太阳与月亮有白天与黑夜的交替，那么，我们的生活、我们身边的人和事等，又怎么能都尽如人意呢？

记得一位哲人说，世界不同于你的想象，每个人都有自己的立场和考量。若当你发现这一事实的那天终于来临，请记得理解接纳，并因此更加珍惜。

法国作家莫泊桑是世界短篇小说巨匠。他从小就有文学天赋，在十几岁时就开始跟随法国著名作家福楼拜学习写作。但是，这一写就是好多年，写了好多好多作品，却没有一篇可以发表——这令他很郁闷。

有一天，莫泊桑整理自己未发表的文稿时，发现自己写的文稿堆起来竟然比自己还高，几个大柜子都装不下。这时，莫泊桑开始怀疑自己的能力，甚至怀疑自己的老师，因为每当他将自己写的剧本和小说送给老师看时，福楼拜总是毫不留情要指出一大堆毛病，告诉他这儿也不行，那儿也不可以。于是，莫泊桑就得重新认真地修改。可是，当他修改后准备寄出发表时，总是被福楼拜给阻止。福楼拜告诫他，对于不成熟的作品或者自己没有十分把握的作品，不要向刊物或出版单位投稿，否则，以后就不指导他。就这样，他只好将修改后的稿件都放在柜子里。

一天，莫泊桑一个人来到附近的果园里。他看到有一棵苹果树上结满了果实，一个个的大苹果将枝条压得低低的，但嫩嫩的枝条还是硬朗朗地支撑着。这令他的心有些触动，有些领悟了老师的良苦用心：才学需要厚积薄发。于是，莫泊桑明白了：一个人在成功之前，一定要学会忍耐，默默地积蓄自己的力量。

从此，莫泊桑更加刻苦地练习写作，决心让自己"根深叶茂"。直到十年后的一天，莫泊桑将自己创作的《羊脂球》放在了福楼拜的书桌上，再次请他指点。这次，福楼拜看后竟然拍案叫绝，让他赶紧寄往出版社发表。果然，《羊脂球》一面世就轰动了法国文坛。这时，人们才知道了文坛上还有个莫泊桑。

莫泊桑一举成名后，进入世界文坛，一下子成为世界文学的巨匠。而这时他也到了而立之年，经过了数不清的磨炼。

没有经历过折磨的雄鹰永远不能展翅高飞。苦难是成长的必修课。

不经一番寒彻骨，哪得梅花扑鼻香？所以，残酷现实的磨炼是人生最好的试金石。要知道，上帝把苦难抛向人间的时候，其实也准备好了丰厚的回报。因此，苦难从古至今都是人生的一笔宝贵财富，而弱者视它为绊脚石，强者则视它为垫脚石，就看我们怎么去对待它。司马迁忍受宫刑的折磨，一心想着实现他们父子著书的理想，最终写出了流传千古的《史记》；莫泊桑忍受十几年默默无闻的苦练，潜心写作，一举成为世界级的文学巨匠；曹雪芹忍受贫困潦倒的磨难，十年写稿十年删改，最终写出了享誉古今中外盛名的《红楼梦》。他们为什么能取得如此大的成就呢？因为现实生活的苦难能磨炼人的意志，同时也提供了成功机遇与成功机会，让人变得更加勇敢、坚强和自信，最终使其理想得以实现。

因此，无论如何，我们都不要对生活失望，不要对社会绝望。很多时候，生活都是按照它的方式、它的潜在规则在无尽地发展着的，它可以成就别人，也可以成全我们。虽然凭我们一个人或一撮人的力量是难以改变或扭转的，但我们也不必为不重要的东西而生气，更不能因为一时的失意而气馁。当我们征服了一个个现实，我们心中的理想就会越来越丰满。其实，我们每个人眼中都有一个世界，每个人的心中都有一个自然。要知道，我们所感受到的生活其实都是"小我"，很多时候它与大生活是格格不入的。所以，即使明明知道事情的本质上有问题，也要冷静下来面对现实，思考自然的真谛，最后再贴近世界的现实一面，而不要一味地沉浸在幻想里。

人的一生总要经受很多折磨，承受很多苦难。只有历经折磨的人，才能够更快、更好地成长。所谓的挫折与磨难并不可怕，是它们教会我们如何寻找成功的经验与教训的。我们的生活也只有在折磨与困惑中才能得到不断的升华。

在每个人的一生当中，都会遇到失业、打击、失恋、破产、离婚、疾病等厄运，很多事情都是我们无法逃避的。但是，有的人面对种种折磨，勇于抗争，坚强面对，最终超越了这一切，用积极的人生态度换来了一生的幸福快乐；但有的人却听天由命，意志消沉，用消极与不求上进的态度来看待那些折磨人的事，在可怜兮兮之中，不得不平庸地度过自己的一辈子。殊不知，那些没有经历过风霜雨雪的花朵，是不可能结出丰硕果实的；那些没有经历磨难与困苦的人，也不能取得辉煌的人生！

2. 最美的风景往往在道路的尽头

人生就像起伏不平的山脉，每个人的人生都会有一段低落或高涨的日子，所以高高低低是不可避免的现实，这时我们就需要顽强的信念去支撑自己，不论处于什么位置，不管发生了什么事情，坚强的人都要接受上天所给予的考验。当我们想要做一件事情时，千万不要轻易放弃，只要有耐力，只要耐力够持久，等到寒冷的冬季过去，春天就会到来。因此，大凡成功者都知道只要能达到自己的目标，付出再多也是心甘的，再多的忍耐都是值得的。

"山重水复疑无路，柳暗花明又一村。"当我们走遍千山万水，似乎到了穷途末路的时候，才往往能发现最美的风景。所以，在漫漫的人生征途中时时考验我们的不是别的，而是我们是否有一颗心无旁骛而执着的心，是否有坚强的毅力，是否有可以克服一切困难与痛苦的忍耐力。我们知道，黎明前的黑暗往往是最可怕的，但只要把这段最黑暗的时间挨过去，一切就都会变得明亮起来。

不过，要挨过这段黎明前的黑夜，需要我们有一定的忍耐力与执着的精神。有句话说"欲速则不达"，水到渠成总要有一个过程。只要不到实现目标的那一刻，绝不轻言放弃，才可以见到清晨的旭光。

在一个岩洞里，有一个老泉眼和一个小泉眼。

老泉眼每天流水涓涓，滴水不但穿透了脚下的石头，而且在石头下面还汇聚了一池清澈的泉水；与老泉眼相比，小泉眼显得是那样的柔弱与渺小，因为它的泉水从石缝中渗出，每天一滴一滴地往下滴，虽然它觉得自己非常努力了，但脚下的岩石仍然完好无损，这让它有些自卑与丧气。

老泉眼似乎看透了小泉眼的心事，和蔼地对它说："孩子坚强些，只要你能坚持下去，很快就能像我一样，把脚底下的岩石滴穿了。"

小泉眼不敢相信，毫无自信地说："我可以吗？那有多难啊！我恐怕一辈子都办不到吧？"

这时，老泉眼望着没有一点儿自信的小泉眼，笑着说："孩子，你要相信自己。只要你有耐心，能坚持住，一直努力地一滴一滴地往下滴，总有水滴石穿的一天。"

听了老泉眼的忠告，小泉眼开始培养自己的耐心，并让自己坚持不懈的努力。若干年后，人们发现，小泉眼的下面也汇聚了一潭清澈的泉水，因为它脚下的那块岩石已经被水滴穿了。

要想成功，一定要学会等待，要有水滴石穿的精神，要挺住"君问归期未有期"的无奈，才能迎来黎明的曙光，才会迎来春暖花开的佳境。其实，不管我们习不习惯，黑夜每天适时而来，如果我们能忍耐着，天就亮了。而且，耐力越持久，收获的时候也就越喜悦。

面对困难的日子，咬紧牙关，把最坏的都挨过去，剩下的也就是好的了。但这一切无不缘于一种执着的信念，它让我们学会克制，学会忍耐。执着是一种坚定持久的心性，它让我们忍受烦恼，忍受诱惑，忍受贫困，忍受失败，让我们经得起马拉松式的漫长等待。要知道，大凡成功者一般具有超出常人的忍耐力，因为只要有耐力，只要耐力够持久，厄运过去，成功就会出现。

在英国，有一位叫约翰·克里西的作家，他在年轻的时候就很勤奋地努力创作，在几年的时间写出了大量文学作品。但是，在这些作品出版之前的投稿过程中，他却受到了沉重的打击。因为当他将作品不断地向国内的出版社和文学报刊投寄之后，却接二连三地收到一封又一封退稿信。他数了一下，竟有743封。当时，他几乎向全英国所有出版单位投过稿，但遭到的都是拒绝，没有一家肯出版他的作品。不过，尽管一再地"失败"，一再地被退稿，克里西仍然一如既往地埋头读书、写作，并且创作的意志似乎更强烈。

这令很多人不解，当时一些亲近他的人对他说："你还那么努力地写作干吗？一本都出版不了不是徒劳吗？"

克里西却说："如果我就此罢休，退回来的所有稿子就变得没有任何意义了，如果再多下些功夫，一旦成功了，那每一封投稿信的价值全部都要重新计算。"

就这样，在经受一次又一次挫折后，克里西一边承受人们所不敢相信的失败考验，一边更加努力地创作。功夫不负有心人，他的作品终于获得了出版单位的认可而得以出版。

随着一本本作品的问世，克里西获得了巨大成功。在执笔创作的40多年的生涯之中，他一直笔耕不辍，共写出了4000多万文字，出版了564本书，直到逝世为止。

万事都不可急于求成，学会坚守，才能获得最大的成功。面对大量的退稿信，克里西没灰心、没气馁，而以一种严冬期待春天的精神，坚守自己的创作阵地，最终赢得了成功与荣誉。

人生就像起伏不平的山脉，每个人的人生都会有一段低落或高涨的日子，所以高高低低是不可避免的现实，这时我们就需要顽强的信念去支撑自己，不论处于什么位置，不管发生了什么事情，坚强的人都要接受上天所给予的考验。当我们想要做一件事情时，千万不要轻易放弃，只要有耐力，只要耐力够持久，等到寒冷的冬季过去，春天就会到来。因此，大凡成功者都知道只要能达到自己的目标，付出再多也是心甘的，再多的忍耐都是值得的。

成功看似遥不可及，但只要我们用心去做，不怕辛苦与劳累，那么成功的脚步就会离我们越来越近。所以，不论从事什么工作，无论在哪个岗位上，都要竭尽全力才能求得尽善尽美的结果。那些勇于在夜色中跋涉的人，他们在漫漫长路上那毫不倦怠的脚步声，就是他们迎接胜利的主旋律。他们不但能耐得住没完没了的纠缠和麻烦，还能承受一次又一次的打击。因为他们知道世上压根儿就没有靠走"捷径"就能成功的事情，所以他们也从不异想天开，他们不论做什么事情都是一心想做好，总是一心专注于自己的事业，从来都不会半途而废或是"差不多"就止步。于是，为了生命的存活，为了成功与美丽，他们总是从容地把最坏的日子挨过去，演绎着一幕幕忍耐的奇迹，从而迎来锦绣的人生。

3. 你要学会在残酷的现实中求生存

生活并非你想象的那么可怕，谁都有软弱的时候，谁都有遇到险境的时候，也都有伤心流泪的时候。学会独立去面对生活，什么事也不是你想象的那么不堪。坚强不是用嘴说的，心要坚强，坚强乐观地对待每一天，就能期望明天的幸福。心中要有着崇高的信仰，不怕困难，相信每一次困难都是上天在磨炼我们，在打造我们坚强的意志，既然逃避不了现实，就要勇于面对现实。

现代社会很多地方看起来很现实，部分人相互来往以利益为先，同情和善良貌似离我们生活越来越远，相互帮助与团结友爱也貌似如同儿时的童话一般不敢让人当真。这种局部现象让人感觉到处都是利益，到处都是竞争，到处都是明抢暗夺。于是，有些人就认为，这是个生存残酷、优胜劣汰的社会，如果我们没有一个有钱以及有能力的父母，那我们就只能靠自己去拼搏，靠自己的双手去打拼一片属于自己的天地，才不会被社会淘汰出局，才能找到自己的立足之地。

事实上，无论父母有没有钱，有没有能力，我们处在激烈竞争的社会中，都应该要靠自己的双手去打拼一片属于自己的天地。因为面对生活的现实与残酷，面对纸醉金迷、灯红酒绿的花花世界，堕落与颓废没有用，软弱与消沉也不可取，我们任何人都必须要学会从容、淡定与坚强，冷静地勇往直前，才能体验属于我们不一样的人生。

2001年，美国"9·11"事件发生后，当地有一个很有名的外科医生叫莱斯特。他是一个朝气蓬勃的年轻人。那一刻，他正在纽约世贸大楼10层与同学谈事情。万万没想到，一个令人恐怖的事情突然爆发了，赫赫有名的双子大厦瞬间就倒塌了。幸运的是，他成为这场恶性浩劫中为数不多的幸存者之一。

不过，幸运之后，命运又赋予他一连串苦难。他虽然幸免于死，但厄运还是没有让他十全十美地躲过劫难。因为事故发生时，他失去了除右手拇指以外的其他所有手指。面对突如其来的打击，作为一个医生，一个年轻科医师，莱斯特该怎么工作与生活呢？

还好，痛苦之余，他没有因为断指而丧失生存的信念。他决定用移植脚趾的办法，使自己的左手恢复使用功能。不仅如此，他还在心里暗暗发誓：只要其他医生能够成功地完成手术，他也一定要完成。

在坚强的信念支撑之下，他的手术很顺利地完成了。此后，经过好几个月的锻炼与恢复，莱斯特的双手基本可以正常活动了。于是，他很快就回到原来的工作单位，并承担一些不太重要的医疗工作。

这时，为了恢复双手的活动功能，他决定像运动员那样艰苦地训练与学习，天天都练习很多遍。他一次次不厌其烦地练习打结扣与解开，有时一天竟练习数百次乃至上千次。为了让自己的手指越来越灵活，他还练习用细小的针缝织衣服，并且，还练习将食物切成很小很小的碎块；为了加强手指的灵活性，他还练习在两个手指间滚动皮球。

可是，这些看似简单的活动，做起来却很难。因此，他刚开始练习的时候，这些简单的小动作也非常难做，经常练得浑身痛楚，还不能很好地将一个动作做到规范。不过，莱斯特却顽强地坚持着，耐心地慢慢去练习，直到这些动作做得十分精确了才满意。

最后，他终于可以使自己的两只手像以前那样运用自如。就这样，他接受了各种挑战，终于再一次站到了手术台前。

无论现实多么残酷，我们都要学会坚强面对。唯有坚强，我们才不怕生活的坎坷与无情，才能在各种困境与磨难中挺直腰杆，才不会被吓倒。其实，漫长的人生旅途，总是变化万千的，它们时如湍急的溪流，时如崎岖坎坷的山路，时如平坦的大道，而又时如陡峭的高山，其中的困难与艰险往往是我们难以预料或措手不及的。那么，无论遇到了多么残酷无情的事情，我们最好能学会坚强，要学会独当一面，学会在合适的地方释放自己心中的压抑与痛苦，用坚定的信念，让自己好好地活下去。

生活并非你想象的那么可怕，谁都有软弱的时候，谁都有遇到险境的时候，也都有伤心流泪的时候。学会独立去面对生活，什么事也不是你想象的那么不堪。坚强不是用嘴说的，心要坚强，坚强乐观地对待每一天，就能期望明天的幸福。心中要有着崇高的信仰，不怕困难，相信每一次困难都是上天在磨炼我们，在打造我们坚强的意志，既然逃避不了现实，就要勇于面对现实。虽然我们改变不了世界，但既然我们来到了这个世界，就要让自己好好地活下去，活出自己的精彩，留下我们的脚印，从而看遍这世上属于我们的风景。

4. 吃苦是福，感谢折磨过自己的人

一个人的成功，光靠知识与技能也是不够的，还需要一定的实践与磨炼，需要一定的经验积累和心灵感悟。一个有眼光和思想的人，应该学会感谢那些折磨过自己的事，学会应对厄运与压力，明白自己为什么陷入人生泥潭。他们知道，生命就是一次次蜕变的过程，经历各种各样的磨难，人生才变得与众不同，才能增加生命的厚度。

王尔德说："世上只有一件事比遭人折磨还要糟糕，那就是从来不曾被人折磨过。"是的，大凡成功的人，都能承受住没完没了的折磨。只有感受了尘世的荒凉，才能懂得真情的可贵；只有经受了他人的刁难，才能强化自己的能力；只有不怕折磨，才能锻炼自己的毅力信念。勇者在苦难面前永远不会低下高贵的头，因为他们知道，为了达到目标，再多的忍耐都是值得的。所以，我们一定要感谢那些折磨过我们的人或事儿，因为它们是促进我们成长与获得成功的

最积极的因素！

在海边一个小村子里，住着一个被人们尊称为"渔王"的人。他是个很了不起的渔夫，有着一流的捕鱼技术。他只以捕鱼为业，就挣下了一大笔财富。对此，十里八乡的人们都非常羡慕他。每当提起他，人们就会夸赞他几句。每逢这时，"渔王"心里就美滋滋的，觉得自己真是个很了不起的人。可是，随着年龄增长，"渔王"心里却越来越不快乐。

原来，"渔王"有3个儿子都渐渐长大，但他们却没有像父亲那样优秀。在这个以捕鱼为生的小地方，他们3个人都没有学会父亲优秀的技术，捕鱼能力竟然赶不上那些普通渔民的孩子——他们对于捕鱼技巧几乎一窍不通。

看到平庸无能的儿子们，"渔王"的心里又怎么能不难过呢？这时，有个邻居问他："你捕鱼的技术这么好，难道没有将这些传授给儿子们吗？"

"传了呀！我将多年来辛辛苦苦总结出来的经验几乎都毫无保留地传授给了他们。""渔王"伤心地说。

"哦，那你是怎么教他们的？"邻居问道。

"在他们小时候，我就开始传授他们捕鱼技术。而且，我先从最基本的东西教起，先让他们学习织网，告诉他们怎样下网，再教他们哪些鱼最容易捕捉，告诉他们哪样的鱼最多，怎样划船才不会惊动鱼群，什么样的情况有大鱼，还教他们怎样辨鱼汛，怎样请鱼入瓮，怎样识潮汐……为了让他们学会一流的捕鱼技术，对每一个技巧，我都对他们教得很仔细、很耐心。""渔王"说。

"哦，你一直就这样手把手地教他们，而没有让他们自己出过海、捕过鱼，是吗?"邻居说。

"是的啊！为了让他们少走弯路，我总是苦口婆心，什么都替他们想到了。""渔王"说。

"这样说来，孩子们不会捕鱼，过错全怪你。"邻居说。

"什么？怎么怪我呢?""渔王"生气地说。

"怎么不怪你呢！因为孩子们在你这里只学到了技术，却没有学到教训。对于才能来说，没有教训与经验，怎么能够成大器呢?"邻居说。

"……""渔王"惊讶得无话可说。

从上面的故事中，我们可以看出，渔夫虽然将自己的技能传授给了儿子们，但由于孩子们缺乏失败教训与成功经验，从来都没有经受一点挫折的折磨，也就没有获得成长的锻炼，从而一个个都没有多大长进。所以，一个人的成功，光靠知识与技能也是不够的，还需要一定的实践与磨炼，需要一定的经验积累和心灵感悟。一个有眼光和思想的人，应该学会感谢那些折磨过自己的事，学会应对厄运与压力，明白自己为什么陷入人生泥潭。他们知道，生命就是一次次蜕变的过程，经历各种各样的磨难，人生才变得与众不同，才能增加生命的厚度。

温室的花朵注定要失败，我们要想迅速成长，实现自己的梦想，就要学会感谢折磨自己的人。因为只有一个学会感谢折磨自己的人，在苦难、挫折和失败等困难和危险面前，才不会寻找各种理由和借口，使自己会退缩或吓倒；在得失面前，才不会急功近利，使自己失去心理平衡；才不会使自己陷入盲目颓废的怪圈，使自己从此一蹶不振。只有能承受折磨的人，才能懂得如何在痛苦中把握幸运的法则；才会清楚地知道是什么在阻碍了自己的前进；他们也终将发现一个心想事成的自己，并从磨炼中学会自我驾驭的本领，从而找到一个更强大的自己。

有"日本电影新天皇"之称的日本著名电影导演北野武，是个了不起的成功人士。不过，他母亲对他不怎么喜欢，很苛严；他对母亲也不太尊重与孝敬。一提起母亲他就伤心不已，他就觉得自己好像不是母亲亲生的似的，难过得要命。这种情况持续了好多年，直到母亲去世以后，北野武才明白了母亲为什么这样对自己。

原来，当北野武刚工作挣些钱之后，他母亲就开始向他要钱，且随着他取得成就与挣的多少而增加索要的数目，甚至还要求他每个月都定期将索要的数目一分不少地寄过来。只要他到时间没有寄钱回家，在规定的期限有些延迟或是短缺，他母亲就会打电话对他破口大骂，绝情得像讨债主一样。这让北野武觉得难以忍受。北野武越出名，母亲对他要钱的表现就越凶。这令北野武痛苦万分，觉得母亲怎么能这样呢？真是心酸。

他心里觉得母亲不但贪得无厌，而且只爱钱，对他一点母子亲情都没有。世上哪个母亲不疼爱自己的孩子，哪有这样做母亲的？就这样，直到母亲去世了，他才回了家。

办完母亲的丧事，北野武正要离开家时，大哥交给他一本银行存折和一封信，说是母亲交代一定要交给你的。北野武有点惊讶，便伤心地打开了信：

小武，我的好孩子：

你收到这封信的时候，妈妈已经不能在你身边了。可能你还不知道，在你们几个兄弟姐妹当中，妈妈最忧心的就是你。因为你从小不爱念书，又爱乱花钱，不懂得理财。当你说要去东京打拼时，我每天都很担心你。我有时半夜惊醒，向神明为你祈福，怕你在东京变成一个落魄的流浪汉而受苦。因此，我每月都会向你要钱。这有两个目的：一是希望可以刺激你去赚更多钱的决心，二是为了给你多储蓄一些。后来，我知道为了这些钱，你开始讨厌我，对我也不那么尊重，也不经常回来看我……我是多么痛心啊……可是，儿子，你要记住：不管怎样，妈妈都是爱你的。你过去给我的钱，我现在还给你……小武啊，我多么希望能够亲手交给你这些钱啊……

存款折是用北野武的名义开的户。令北野武惊讶的，是上面的存款数目竟然高达数千万日元。看到这一切，北野武哭倒在地上："妈妈、妈妈……"

从某种意义上说，北野武的母亲是世上母亲的"典范"。她的所作所为让孩子一边成长一边幻灭，活着的时候令儿子万分痛苦，死后又令儿子感动忏悔。由此，我们可以悟出，在人类所有的情感中，包括父母亲的形象与作为，那不可能像我们想象的那样美好与温暖，都不可能完全按我们的意志去生活——往往等我们深刻爱过或痛过之后，我们才会理解或明白事情或事物的真相。

世界如此之大，地球浩瀚无际，生活在里需每一个人都有自己与众不同的想法与思想，自然每个人对待他人的态度和方式不同，那么，也就造成了世界的变化万千与善恶美丑。

要知道，勇于在夜色中跋涉的人，一定会谛听到雄鸡报晓的第一声。要知道，生活中不是每个人都很善良，也不是每一个人都很凶恶。感觉到他人充满善意时，我们要充满感激；感觉到他人有点恶意时，我们应及早避开。这世界确实不同于我们的想象，因此我们应学会感恩与自保。不论我们是白雪公主也好，灰姑娘也罢，不管我们是穷困，还是富有，每一个人的人生或每一种生活都不可能圆满如意，往往都不可避免有所欠缺。所以，我们凡事不应过于快乐和悲伤，能忍耐的事情要多忍耐，能笑的时候尽量笑，人生该怎样过就怎样过。要有活着的勇气与毅力，不要被眼前的困难打倒。迷惘和忧郁，不会改变生活的现实，只有永不气馁，才是生活的万有定律。只有通达接纳与包容，才不失是一种生存的智慧。

5. 学会自我疗伤，成功偏爱越挫越勇的人

没有受过"伤痛"的人，不知道什么叫大病痊愈；没有洞孔的竹笛，吹不出美妙的音符；没有经历过残缺，就体验不到完美的感觉。受伤了、受痛了，没有什么好可怕，我们的生命原本就是不断地受伤又不断地复原的。因此，我们不要怕受伤害，更不要害怕伤心，因为"伤痛"后的每一次痊愈，都会为我们不断地成长产生强大的免疫力！

生活是变化多端的，命运也是前途未卜的，一个人的一生，会不断地受到"伤痛"袭扰。在人生中，谁都不可避免遭受精神或心灵的创伤，有些接二连三的打击或刺痛，往往会令我们伤痕累累。这些伤痕，有的是身体的，而大多数则是心灵的。面对伤痕，有的人能够痊愈，而有的却使其伴随一生，使自己一辈子伤心难过。

是的，人的一生不可能一帆风顺，不可能不经历磕磕撞撞，也就难免会留下"伤痛"。然而，有些伤痛是不为人所知的，虽然看不到

流血，看不到伤口，却往往痛彻肺腑，使任何止痛的药物都无济于事，那就是心的伤痛，比如，感情上的挫折，事业上的失败……它们往往比死亡更可怕，比躺在手术台上还残酷。它们虽然不像疾病一样，可以夺去人的生命，却可以使一个人生不如死、痛不欲生。

面对这些伤痛，我们必须学会自我疗伤，学会自我舔舐心灵的伤口，学会自我抚慰精神的打击，学会调整自己的心态，从而让自己从痛苦中解脱出来，使自己重新充满信心，学会总结失败或打击的经验，才能让自己像以前那样快乐生活。所以，在生活中，也只有那些会自我疗伤的人，才会心中充满快乐，才会走向成功，因为他们都拥有良好的心理素质及能力——自我疗伤！

从前，有一位住在山脚下的老猎人，经常去大山里面狩猎。

有一段时间，他经过多次观察，发现了一个奇怪的现象：原来，一只被他打伤了一只腿的大黄羊，几天来，总是往一个山洞里跑，而且总是一天去两次，上午一次，下午一次。不仅如此，在里面待了一阵子之后，大黄羊就会离开。

有一次，老猎人跟踪大黄羊到了山洞里。他惊奇地发现大黄羊将那只受伤的腿贴在陡峭的山壁上，并且使受伤的部位紧紧地挨着山壁上那些黑乎乎的地方。过了好大一会儿，大黄羊才离开。而更有趣的是，当大黄羊离开山洞时，好像变得强壮了许多——那只受伤的腿竟像其他腿一样跑得很快，之前那一瘸一拐病恹恹的样子竟然瞬间不见了。

为了探个究竟，老猎人便在山洞的峭壁上仔细观察，最终发现峭壁上有一种当地人把它称为"山泪"的犹如蜂蜜似的黏稠的黑色液体——它就是大黄羊治疗伤的药物。

凡是有生命的东西，都会受伤，动物们也不例外。但是，为了生存，它们不得不与各种伤痛斗争。于是，它们也学会了给自己治伤，从而让自己得以更好地生活下去。

其实，在现实生活中，有很多动物都可以为自己的伤痛作"治疗"。曾有人看见，在草地里有一条蝮蛇在与一条毒蛇搏斗时头部被咬伤了。伤处出了血，只一会儿的工夫，蝮蛇的整个头便肿了起来，胖胖的，像个大白萝卜，使它连嘴都肿得没办法合拢。而这时，它并没有倒地呻吟，也没有甘于等死，而是拼命地爬到附近的水边，张开嘴，开始不停地喝水。

据说，在大约15分钟内，它竟然接连喝了216口水。然后，它才停住了。

没想到，在约两个小时之后，这条蝮蛇头部的肿胀竟然渐渐地、奇迹般地消退了。而这种情况，竟然跟人类被毒蛇咬伤、医生抢救时的情景非常相似。被毒蛇咬伤患者一到医院，医生们往往就会给患者大量地输液，以使人体内的毒液尽快排出。而蝮蛇自救的方式与人类的医疗方式还真不谋而合呢！

作为人类，我们比动物有着丰富的思维与超强的智商，为什么不能也像动物一样学习自己给自己疗伤呢？

华强是一家大型企业的销售部经理。由于他有着很强的销售能力，公司里的领导们都很高看他。这样一来，华强工作起来，总是有一股春风得意的感觉。可是，华强最近在公司里却受了天大的委屈，被老总狠狠地批评了一顿，并且，还是当着所有下属的面指责他的不对，没有给他留下丝毫的情面。更让他痛心的是，老总还说要扣掉他所有的年终奖金。

面对老总的如此绝情，华强有点痛不欲生的感觉。让他伤心的是，这事的过错并不全在他。原来，华强的部门来了一位新员工。这位新员工由于不太熟悉公司里的情况，又说话口无遮拦，第一次在外面联系业务时，就在言行上夸大其词，不经意间贬损了公司的形象。这事被另一位员工反馈到老总那里。老总得知后，十分不悦，把一腔怒火全发到了华强身上。这样苦了华强，使他有一种"哑巴吃黄连——有苦说不出"的痛苦。

明明是别人的错，却要自己承担所有责任，这也太不公平了吧？对此，华强觉得自己的委屈实在难以忍受，想赌气地向老总辞职不干。但是，经过几天的痛楚思考，华强渐渐放下了自己的委屈，学会了自己安慰自己。

他想：如果换着自己是老总的话，或许自己也会这么做——我把公司里这个最重要的部门交给你管理，你就要负起所有的责任；让你当经理是因为我器重你、信任你，那么，你就要对我的信任负责；如今你管理的部门出了问题，我不找你找谁？……

想到这些，华强渐渐有所释怀，满腹的委屈也慢慢消散。于是，他重新打起精神，比以前更加努力认真地工作。一段时间之后，他的业绩再次有了明显提高。这时，老总也自然提高了他的薪水。

没有受过"伤痛"的人，不知道什么叫大病痊愈；没有洞孔的竹笛，吹不出美妙的音符；没有经历过残缺，就体验不到完美的感觉。受伤了、受痛了，没有什么好可怕，我们的生命原本就是不断地受伤又不断地复原的。因此，我们不要怕受伤害，更不要害怕伤心，因为"伤痛"后的每一次痊愈，都会为我们不断地成长产生强大的免疫力！

虽然，心灵的创伤无法看医生，精神的失落也没有救世主，但我们还有自己。我们还可以像动物那样自己救自己，自己做自己的医生，我们可以做一个优秀的自我疗养师，熟练地拿起针线，去缝合自己的伤口，学会自己为自己疗伤，为自己治病，让心灵的痛尽快地消失，恢复健康的状态，幸福自来！

其实，我们可以将自我疗伤当作是一个课程。我们治好了自己，就等于赢了人生，也等于再一次的重生。在这个过程中，我可以学会思考，学会分辨对与错，从而让自己变得有远见。所以，自我疗伤也是一个感悟的过程！

学会自我疗伤，我们也可以参考以下方式：

1. 树立自信，克服自卑。

无论遭到什么样的失败，我们都正确地评估自己，找出自己的长处和优点，树立自信心。无论我们有多么失败，都不要产生消极心理，不要让悲观失望的情绪伴随自己，因为自我贬低的自卑情绪是不可取的，它会毁了我们的一生。所以，无论怎么样，我们都不要丧失自信，不要自怨自艾，要学会克服自卑，树立自信。让淡定与坦然的心情使自己最优秀的一面展现出来，就是自我疗伤最好的免疫增强剂。

2. 学会接纳意外状况。

无论是哪种情况给我们造成的心理伤害，我们都不要过于吃惊与不安，因为在生活中出现意外是很正常的。其实，心理上的"受伤"，既有主观的原因，也有客观的因素，但通常都是因为对方没有正确理解我们的需要而产生了冲突。所以，我们不应把这种冲突看成是自己的痛苦，只要我们以全然接纳或允许的心态来面对，就可以摆脱受伤的感觉，从而以坦然的心态去面对。

3. 学会释放和减压。

当心中的委屈越来越多时，难免会产生过多的负面情绪和念头，而过分地克制压抑往往会导致心理疾病。这时，我们必须学会释放和减压，才能使心情变得轻松与顺畅起来。因此，聪明的你，可以选择一个适当的环境，比如找个没人的地方将自己的委屈、愤怒、难过、悲伤等所有负面情绪都宣泄出来。像无人的旷野、操场、山顶、海边、家里的卫生间等，都是不错的宣泄环境。在这里，你可以毫无顾忌地释放自己的愤怒情绪，比如，疯狂地呐喊、打假人、狂舞、扔石块等，也可以痛哭一场，让所有委屈和痛苦畅快地流淌。

4. 寻求支持与认可。

在生活里，每个人都需要别人的支持与认可，因为一个常常被孤立、被忽略的人往往会产生很多沮丧情绪。当我们心有不快或遭到创伤时，不要一个人默默地承受，我们可以寻求父母的关怀，或者请求朋友的支持，或者获取爱人的认可等，总之要多找一些与自己亲密的人，多与他们进行心与心之间的交流。这样，我们就会生活在被重视、被容纳和被关怀之中，从而让心灵的痛楚慢慢地消失。

6. 强化心中信念，试着超越生命的极限

成功者和失败者开始并没有多大的区别，因为大家本来是站在同一起跑线上的。只不过成功者却勇敢地超越了自己，而失败者没有超越自我，才会出现两种不同的结果。所以，只有超越自我，才能谱写出人生辉煌的篇章。

人类的历史，从原始社会到现在已经延续了几千年，无论什么样的浩劫与灾难都经历过无数次：水、火、风、地震等天灾，老、病、苦、死等自然灾害，还有饥荒、瘟疫、自杀等人为灾害。但是，人类却一次又一次地越过灾害，战胜困难，超越人生一个又一个死亡之坎儿。虽然这些灾害，随时随地都在索取人类的一切，但那些幸存下来的人却在原来有限的生命中延长了自己的寿命，超越了死亡的门槛从而也超越了生命的极限。

因此，凡事要成功，都必有一个艰难困苦的过程，都要付出一定

的努力甚至血汗，都需要有与困难抗争的精神，都要有一种坚定的信念，并且，在这种信念的支撑下，勇于承受一次又一次的挫折，才能让生命更富有强度，才能超越自己有限的能力，使生命能量达到极限。因此，人生一旦失去了赖以支撑生命的信念，往往会一蹶不振或一败涂地，甚至失去生存下去的勇气。

有人说："人类最大的敌人莫过于自己。"是的，我们只有战胜了自己，才有可能去战胜别人与困难。精神的力量是无穷的，它可以帮助我们超越生命的极限！信念可以促使我们战胜自己，超越自我。因为当人由信念支持着时，便觉得浑身都是力量；而当信念丧失时，精神的支柱就会轰然倒塌。

生活中有很多没有成功的事情，都是由于我们一再蹉跎，使梦想褪色。要知道，什么事都是越不敢做，就越做不成，越不敢动手，就越难以突破，当看着自己的梦想，变成废纸篓里的垃圾，才会产生心痛的感觉，觉得自己好像走到了极限。

其实，生命是不应该有极限的，尤其是年轻人，更不该过早地给自己的生命套上枷锁。殊不知，所谓的极限，只是我们的心理恐惧，所造成的前进的障碍。因为人生中难免有些磕磕绊绊的障碍，只要我们不退缩，敢于挑战，就能超越自己，就可以战胜自我，超越生命的极限。而那些可以超越自我的人都是那些信念坚强的人。因为他们心中的信念是促使他们前进的源泉，在强大信念督促之下，他们便可以在不断地追求、思索、战胜中得到升华和发展。

一个陡峭的山崖上住着一只雌鹰。此刻，它正拍打着翅膀，在自己的巢顶盘旋。原来，它在等待着自己的孩子——雏鹰出世。经过好多天的辛苦孵化，雏鹰就要问世了。雌鹰热切地期待着。

不大一会儿，雏鹰终于破壳而出，喳喳叫着来到了世间。雌鹰注视着雏鹰，充满慈爱的双目中还含有严厉。片刻之后，雌鹰便离开了——它在天空来回地盘旋寻觅着，因为它要找一些松软的东西，铺在巢底，好让雏鹰的小被窝更舒适些。之后，它又飞去寻找食物，叼着回到巢中。而这时，雏鹰正闭着眼睛，伸着长长的嘴巴等吃的。雌鹰每天一大早就飞到天空，每天都会为雏鹰找来食物，放进它的嘴里，看着它美美地吃掉。

慢慢地，雏鹰习惯了这种饭来张口的安逸生活，每当到了吃饭的时候，便会张开嘴巴，等妈妈给它送食物吃。时光就这样悄悄地过去了。雏鹰日渐长大起来，躯体变得强壮而有力了。雌鹰心里不觉感到欣慰，但表面上却没丝毫反应。而雏鹰还是像往常一样每天非吃即睡，生活过得非常舒服。

直到有一天，雌鹰没有再给雏鹰送可口的食物，而是用凌厉的双爪去攻击雏鹰，用强有力的双翅扑打着它。看着妈妈的态度突然改变，雏鹰心中充满了恐惧，迷惑不解，不知道为什么会这样。

雌鹰不理会这些，最后竟然将雏鹰赶出了鹰巢。离巢的雏鹰还不会飞翔，它那吃得肥胖而沉重的身躯像石头块一般向山谷下坠去……在这一瞬间，它听到一个声响："现在，你要凭自己的能力生存下去！"

"哦，我要生存下去！"强烈的求生愿望在雏鹰的心中升起。为了生存，雏鹰拼命地扇动自己的两个翅膀。果然，它的身体不再急剧地往下坠落。但由于掌握不了平衡，它的身体有好几次撞在了悬崖边的岩石上，撞得它头破血出，但是它不敢放弃。因这它知道，此时就算撞得遍体鳞伤，也要往上飞，再也不能像以前那样娇贵了，唯有不停地扇动双翅，才能在天空中飞翔。

此时，雌鹰的双目紧盯着雏鹰。它几次欲俯冲而下，想去将雏鹰救上来，但它又强行止住了，因为它知道，此时雏鹰唯有超越自己才能很好地生活。

最终，经过拼命地挣扎与训练，雏鹰真的可以振翅高飞了。在这一刹那，它完成了生命极限的超越，成为一只真正的雄鹰！

事实上，人类何尝不是这样呢？我们只有战胜了自己，超越了自我，才有获得成功的可能。其实，成功者和失败者开始并没有多大的区别，因为大家本来是站在同一起跑线上的。只不过成功者却勇敢地超越了自己，而失败者没有超越自我，才会出现两种不同的结果。所以，只有超越自我，才能谱写出人生辉煌的篇章。然而，要想超越自我，还得要有坚定的信念。有了信念，我们才可以像雄鹰一样翱翔长空，才会像蜜蜂一样酿出鲜甜的蜜。

夜空的流星告诉我们，只有超越生命的极限，才能在天际划出辉煌；枝头的叶子告诉我们，只有超越生命的极限，才能绽放出世上最蓬勃的绿色；蓝天中的雄鹰告诉我们，只有超越生命的极限，才能在无边的苍穹振翅飞翔……所以，我们要强化信念，要永不言败，超越我们生命的极限，走向人生的辉煌！

第三章
别给胆怯立足之地，你的淡定能征服一切

在这个世界上，真正能打败你的只有你自己。而你自己打败自己的根本原因是因为你胆怯——如果你不胆怯，你做什么都有成功的希望，你最终将会实现自己的梦想。而淡定是一种成熟，是一种自信。只有你遇事淡定，你才能真正做到不给胆怯立足之地。

1. 勇敢不是罪过，为何你变得胆怯了

当一个遇事胆怯惯了的人，往往什么事都窝在心里，不敢表达出来；而敢于表现自己的人，就不知道什么是胆怯，会敢说敢做，从而在合适的时机表现自己，为实现自己的目标而赢得先机。刚走上社会的年轻人，尤其需要敢于尝试，敢于迈出人生第一步，大胆将自己的优点推销出去。唯有这样经历一番历练，我们才可能不让自己变得胆怯，慢慢地让自己变得从容、通达和自信。

胆怯是一种正常的心理现象。在生活中，我们每个人都有不同程度的胆怯行为，尤其是青少年与年轻人表现得更为明显和普遍。

可是，胆怯却是一种不良的个性，尤其是那些胆怯行为严重的人，会对他们的身心健康造成负面影响。他们往往性格软弱，行动拘束，不善交际，平时寡言少语，不敢在众人面前讲话，容易逆来顺受并屈从他人。那些过分胆怯的人往往怕见生人，交往能力萎缩，还常常因

为胆怯而自卑，并走向自我封闭的思想状态。所以，这样不但会阻碍了与他人之间的沟通，还影响人际关系，而且，如果长期之下还容易导致心理疾病，比如失眠、多梦、恐慌、焦虑等。这样的人，往往不敢面对困难和压力，总是抱着多一事不如少一事的想法，害怕挫折和失败，不愿意冒半点风险，更害怕别人的轻视和讥笑。

现实社会竞争如此激烈，生活在以前所未有的高速度发展着，如此胆怯的个性如果长期得不到矫正，今后又该如何面对生活、走向社会呢？因此，我们要克服胆怯，让自己勇敢一点，鼓励自己"迈出这一步"，狠下心把自己放在必须勇敢的环境里去锻炼，从而塑造自己，改变自己。

我们知道，"表现自己""名利思想""出风头"等词语，历来名声不佳，那些有勇于表现、敢做敢当的人也常常会受到忌妒与闲言碎语的袭击。于是，很多人一谈到表现自己就心有余悸，进而变得缩手缩脚、胆小怕事。

在现代社会，要参与激烈的竞争，我们只有承认自己的才能，遇事不胆怯，勇于表现自己，才能赢得更多的机会，才能比较容易地找到适合自己的出路。

事实上，胆怯是一种处事习惯，勇于表达也是一种处事习惯。当一个遇事胆怯惯了的人，往往什么事都窝在心里，不敢表达出来；而敢于表现自己的人，就不知道什么是胆怯，会敢说敢做，从而在合适的时机表现自己，为实现自己的目标而赢得先机。刚走上社会的年轻人，尤其需要敢于尝试，敢于迈出人生第一步，大胆将自己的优点推销出去。唯有这样经历一份历练，我们才可能不让自己变得胆怯，慢慢地让自己变得从容、通达和自信。

大学毕业后的李志，由于没找到好工作，去一家汽车公司当了销售员。销售工作需要良好的口才与交际推销能力。刚出大学校门的李志在这方面显然表现得力不从心。每当与那些购车主交谈时，他就会不由自主地陷入胆怯、恐惧、紧张之中。特别是向那些特别有钱的人推销时，他更是紧张得要命，交谈时总是语无伦次。好几次都是由于他的言语不当而使眼看就要谈成的生意而告吹。这令他非常苦恼。

后来，经过一番思想斗争，他终于明白，如果自己想将推销工作做下去，就必须改变自己。

有一天，一个朋友介绍一个在业界很有名的大亨来购买他们公司品牌最昂贵的汽车。如果谈成，公司将会给他一笔非常可观的提成。这令他激动不已。他发誓一定要把握住这个机会。

可是，当对方快要到时，他依然像往常那样紧张，心扑通扑通跳个不停，胆怯与恐惧感紧紧地笼罩着他，简直有点不知所措。但是，他在心里却告诉自己：一定要成功！而就在这时，对方出现了。

"哎呀，见到您我快紧张死了！"

"哦，你紧张什么呢？"对方好奇地问道。

"您这么大的名气，我以为您长三头六臂呢，我害怕得无法畅所欲言……"

"哦，哈哈，怎么会呢，你可真会开玩笑。"对方以为他在搞幽默，很开心地回答说。

就这样，李志的担心、胆怯、紧张感顿时烟消云散。他的情绪慢慢趋于平稳，很快就恢复了自信，最终可以自然大方地与顾客进行交谈。

就这样，这笔大生意竟然在快乐与诙谐之中轻松地搞定。这可是李志万万也没有想到的。

胆怯，其实是对自己的不自信。事实上，胆怯并不可怕，只要能迈出第一步，后面的将会渐渐开朗。

如何摆脱胆怯的困扰，做一个勇于表达的人呢？具体可以参考以下方法：

1. 有备而战。

俗话说要想胜利，就不打无准备之战。比如，当我们要去见一位有来头的客人时，可以先做一个充分的准备，先了解一下这个人的身份、职业、爱好、成就等。这样交谈时就可以有的放矢。说什么不会说错，说什么对方会感兴趣，说什么对方会不感兴趣等。此外，我们还要对自己所要做的事情有所准备，比如，将自己要谈的事情记录下来，列好一个话题单子。这样，在交谈时，我们就可以知道什么话该说什么话不该说，也不会愁无话可说了。

2. 做好最坏的打算。

在进行交谈之前，我们必须要放松过分紧张的心情，心里做好最坏的打算。我们可以设想一下，自己丢丑或被对方嘲笑会是什么样子，再设想一下这时对方会有什么表现，如果对方会笑得很痛快，那就让他笑好了，反正让对方笑总比让对方生气结果要好吧。所以，我们担心讲错被人嘲笑，就尽管让他去笑；担心丢丑，就尽管让他去丢；担心脸红，就尽管让他去红；只要事情没有谈崩，就大功告成。有了这种出现最坏结果都不怕的想法，我们就可以战胜胆怯心理。

3. 寻找胆怯根源。

我们究竟担心什么？究竟是什么事情让自己害怕呢？有哪些地方令人担心呢？经常问问自己，找出让自己胆怯的经历与问题。之后，我们再一一探究与解决。比如，担心讲错被别人笑话，害怕陌生人不敢讲话，害怕对方脾气古怪，担心说得多了泄露机密等情况。最后，我们再了解一下，自己哪些方面还存在不足，自己怎么做能够进步，怎么做才能让事情更好解决等。如此找到胆怯的根源所在，那么，问题也就迎刃而解。

其实，我们也可以反过来想想：即使讲错了又怎样，人谁没有说错话的时候呢？正如我们自己也不会过分注意对方说得对与否，偶尔的一句错话，没有谁会记在心上的，这有什么可害怕呢？我们为什么要闭口不言，而丧失这个好机会呢？因此，只要我们相信自己不比别人差，就一定能成为一个不胆怯而勇敢的人。

总有一天，所有人都会为你鼓掌

2. 找出你的弱点，完善你的个性

在生活中，我们要客观地审视自己，了解自己的长处和短处，跳出自我陶醉的怪圈，不但要看到自身的亮点，更要觉察自身的瑕疵。因为一个人身上的致命弱点就是他性格和心理上的"死穴"，如果不及时发现并加以改正，最终往往就可能被他人揪住而置于死地。

俗话说："金无足赤，人无完人。"世上没有十分完美的人，就算是再完美的人，身上也存在这样那样的弱点，而这些看起来微不足道的弱点往往就是我们的致命之处。

但是，生活中有很多人并不了解自己，更不知道自己身上存在哪些缺点，总以为自己什么都是对的，总是以为自己什么都是十全十美，与人说起自己只说长处，不会说不足。他们总是认为自己聪明能干，终日晕晕乎乎的，如坠云里雾里之中，在美颠屁颠之余，殊不知，自己的缺点有一大箩筐。

其实，每个人都有自己的缺点，重要的是要认识到自己的不足。所以，在生活中，我们要客观地审视自己，了解自己的长处和短处，跳出自我陶醉的怪圈，不但要看到自身的亮点，更要觉察自身的瑕疵。因为一个人身上的致命弱点就是他性格和心理上的"死穴"，如果不及时发现并加以改正，最终往往就可能被他人揪住而置于死地。因此，我们要想不被别人抓住弱点，就要先找出自己的死穴在哪里，从而避其所短，扬其所长，不轻易地受伤害，进而才能对自己的人生坐标进行准确定位。因为，当我们认识到自身的不足之时，才是我们进步的开始。

在古希腊神话中，有一个叫阿喀琉斯的年轻勇士。他英勇善战，所向无敌，几乎没有谁是他的对手。在特洛伊战争中，阿喀琉斯异常勇敢，杀死了很多特洛伊士兵，并且还杀死了特洛伊王子赫克托耳。但是，他却因此惹怒了赫克托耳的保护神——太阳神阿波罗。

阿喀琉斯如此英勇，阿波罗怎么对付他呢？后来，阿波罗瞅准了阿喀琉斯的致命弱点——脚后跟，便趁其不备，用毒箭射中了阿喀琉斯的脚后跟。于是，阿喀琉斯这位天下无敌的勇士便就这样葬送了性命。

原来，在阿喀琉斯很小的时候，为了增加他的能力，使他可以刀枪不入，阿喀琉斯的母亲曾把他浸在冥河里。由于因冥河的水流十分湍急，母亲怕将他冲走，就紧捏着他的脚后跟，不敢松手。所以，阿喀琉斯的脚踵是最脆弱的地方，因此埋下祸根，成为他致命的"死穴"。

其实，每个人都存在"阿喀琉斯之踵"，而且每个人的死穴都不相同。有些人只知自己的长处，却不知道自己有短处，不知道自己的弱点在哪儿。与人在谈起自己时，他们往往只说"过关斩将"，不说"走麦城"，最后给人家揪住了死穴还不知道自己是怎么死的。殊不知，生活需要思考，人生需要规划。要想先发制人，我们就要先找到自己的缺点，再想法战胜自己的不足之处，才能规避自己的短处，发扬自己的长处，从而真正成为生活的强者。

所以，欲做一番事业，我们应先弄清楚自己的长处与短处，比如，我的缺点是什么？我的价值观是什么？哪些缺点将会阻碍我的发展？我的优点在哪里？我最致命的弱点又在哪儿？哪些优点将会是我成功的关键因素？这些优点与缺点哪个对我的未来发展有利？等等。

然后，我们要告诫自己哪些缺点必须得克服，哪些缺点目前自己没法克服，怎么想办法来避免它等。

这些都是人生中所面临的重大问题。我们只有将它们分析清楚，并一一地解决了，这些弱点才不会致命，才不会成为我们追求成功道路上的绊脚石。

事实上，人总是很容易看到自己的优点与长处，却很难发现或承认自己的弱点与缺陷。任何看不见自己弱点的人，都存在盲目自信的弊端，自大的心理使他们不能清醒地意识到还有比自己更强大的人。因此，我们做人一定要对自己有个确切的了解，先了解自己有哪些缺点，明白自己有多少分量，从而避重就轻，才不至于妄自尊大、一败涂地。

3. 什么都不要怕，厄运只是生活的小插曲

生活并没有我们想象的那么糟糕，只要有耐力，坚持下去，敢于在严冬期待春天，那么，厄运一定会很快过去，春暖花开的佳境也会很快出现。因为人的一生不可能会永远一帆风顺，遇到不幸就一蹶不振，就永远没有幸运的时候。

生活总是有喜有悲、变化多端的，有时候厄运会不期而至，让人难以接受，觉得人生的时光好像进入了世界末日一般。这时，很多人都往往会意志消沉，感觉生活到处都充满了黑暗与恐怖，再也看不到黎明的曙光。

其实，生活并没有我们想象的那么糟糕，只要有耐力，坚持下去，敢于在严冬期待春天，那么，厄运一定会很快过去，春暖花开的佳境也会很快出现。因为人的一生不可能会永远一帆风顺，遇到不幸就一蹶不振，就永远没有幸运的时候。

要记住，命运总是喜欢与人开玩笑，常常会让你在最痛苦的时候，才把快乐抛给你。虽然在灾难面前，我们显得非常的渺小，简直犹如一粒沙尘，但是，只要我们能正确对待，不再脆弱，加强心理素质，让自己奋发图强，从而不被厄运所吓倒，就一定可以改变自己的命运。

从前，有一个农夫，家里非常贫穷，妻子与他和五个孩子生活在一间破旧的小木屋里。孩子们整天吵吵闹闹，使他一刻也不得安宁，再加上狭窄的住房与贫困交加的生活，他觉得家里简直就像地狱一般，让他再也生活不下去了。

有一天，他去找智者求救，希望智者能指点他怎样可以走出困境。智者问他家里的具体情况。他说，家里除了那五个整天都争吵不休、需要他养活的孩子之外，还有一头奶牛、一头猪、一只山羊和一群鸡鸭。智者听后，就告诉他，只要把那些家畜全都带到屋里，与它们一起生活，就可以了。

农夫回家后，按照智者的意思将家里所有的动物——一头奶牛、一头猪、一只山羊和一群鸡鸭等全都赶进了木屋里，与它们一起活动与休息。

可是，这样一来家里变得更糟了，不但吵闹得更凶，晚上根本就没法入睡，白天也没法生活，因为粪便遍地，打扫都打扫不完——这里真的成为地狱。

几天后，农夫满脸怒气与痛苦地找到智者，质问他出的什么馊主意。这时，智者没解释什么，而是让他把鸡鸭赶出木屋。

过了几天，智者又让他把猪和牛赶出来。最后，智者又让他将大山羊也赶出来。

这样过了几天，农夫又找到智者，高兴地对他说："现在我终于生活得舒适了。自从那些动物被赶出去以后，我的小木屋就显得安静、宽敞了许多。谢谢你又把快乐的生活给了我！"

有些人意志消沉，精神颓废，往往和他自己曾经有过不幸的遭遇有关。但是，不管怎么样，我们还是要勇敢地面对现实，因为有些事我们还可以改变的，就像上文中的农夫，虽然生活十分贫困，但只要保持良好的心态，还是可以生活得快乐一些的。

事实上，生活中总会有这样那样不顺心的事情，不是这里不如意，就是那儿不开心。对此，如果不能很好地处理，就会对我们的人生产生很大影响，导致我们的心情变坏，生活变糟。所以，只要我们能以一颗平淡的心去对待生活中的一切，就会发现生活虽然没有我们想象的那般美好，但也并非我们想象的那么糟糕。既然上帝有时会降临给我们幸福，有时又会降临给我们灾难，那么，我们对这生活的波动为何不看淡一点呢？

人生的一切，幸与不幸，只不过是一个过程而已。对我们来说，这个世界的本身充其量只不过是造物主为人类建造的一个小小驿站罢了。就连我们生命的本身，也不过是寄存于一个肉体上的匆匆过客。所以，面对灾难的降临，我们没有必要感叹生命的脆弱，也没必要过多地痛苦流泪。就像一个哲人说的："情爱是一种寄存，人之亡之，情之焉附？财富是一种寄存，钱再多，也不能带到棺材里去；权位是一种寄存，无论一个人怎样叱咤风云，都逃不出最终的交替。"

是的，只要我们还有信心和力量，生活就不会变糟！只要有生命存在，一切都可以改变。美国作家爱默生说过："除了你自己以外，没有人能哄骗你离开最后的成功。"

　　适应是一种生活，适应是一种上进，再苦、再累的日子，只要能挺过去，就会迎来春暖花开的那一天。只有那些勇于在夜色中跋涉的人，一定会谛听到雄鸡报晓的歌声。在漫漫长路上，那毫不倦怠的脚步是一部大乐高潮来临之前的轻松舒缓的旋律。当厄运降临的时候，只要我们选择不屈，抬起头向前就可以了！

4. 失意不可畏，世界不存在真正的失败

成功和失败仅仅一念之间。成功的时候，我们要记取失败的教训；失败的时候，要看到成功的希望。只有这样，我们才不会被困难与挫折打倒，才能成为一个真正的成功者！这个世界，除了心理上的失败，并不存在真正的失败。因此，我们大可不必总是怀疑自己是个非常失败的人，只要你能够经得起失败，就一定能获得东山再起的成功。

在人的一生中，不可能一切都是一帆风顺的，总是有得有失。那么，也就有成功与失败。其实，失败和成功本来就是一对不可分离的孪生兄弟，它们之间并没有成功与失败的分界线。可是，有些人在失败之后，却永远地倒在失败的阴影里，再也没有站起来；而有些人在失败之后，还能看到未来的成功与希望，然后，凭自己的努力，最终取得了成功。这就是失败与成功的区别。

事实上，成功、失败都只是人们的一种感觉。所谓失败就是对某

总有一天，所有人都会为你鼓掌

件事的预想目标没有实现而已。所以，成功和失败仅仅一念之间。成功的时候，我们要记取失败的教训；失败的时候，要看到成功的希望。只有这样，我们才不会被困难与挫折打倒，才能成为一个真正的成功者！这个世上，除了心理上的失败，并不存在真正的失败。因此，我们大可不必总是怀疑自己是个非常失败的人，只要你能够经得起失败，就一定能获得东山再起的成功。

有一个人，每天起床后都会对家人说："今天看来又是失败的一天了。"虽然他心里也期待着成功，本意并非让自己失败，只不过是口中这么念叨而已，但事实上一切情况都像他说的那样糟透了——在这一天里，他总是挫折连连，做什么都做不好。

这样，长久以来，他真的做什么都没有成功过，成为一位非常失败的人。有人说，世界上没有一辈子总失败的人，但像这种情况还真的有了。

由此可见，失败与成功只是我们的心态问题。如果心中常常预存失败的念头，那么，事情就真的会变得不利。

生活中遇到难题是在所难免的，不过在解决的过程中，就看你是怎么去面对的。你可以看到自己的不足，也可以看到自己的长处。面对失败，关键是看你用什么样的心态去对待。所以说，智者成功的机会总是会多一些，愚者失败的机会总会多一些，一切的一切在于自身，当我们让它向好的方面发展时，它就会为我们带来好运。当我们像上文中的那个人一样凡事总朝不好的方面去想，那么，好事也往往会变得糟糕起来。"你若在患难之日胆怯，你的力量就要变得微不足道。"这是《圣经》里的名言。世界上没有永远的冬天，也没有永远的失败。我们要学会"笑对失败"，越是在艰难和不幸的日子里越要乐观，要保持斗志、信心和耐力，要心存美好的期盼。

尤利乌斯是一个画家，虽然他非常喜爱自己的事业，但由于他没什么名气，几乎没有人肯买他的画，这不仅令他有点伤感，而且让他的生活过得也很窘迫，与朋友一起花钱时总是缩手缩脚的。这样一来，朋友就有点瞧不起他。

有一天，一个朋友对他说："大画家，别整天待在画室了。跟我去玩玩足球彩票吧！也许只花两块钱就可以赢很多钱的。"尤利乌斯虽然对彩票不感兴趣，但还是和朋友一起花两元钱买了一张彩票。

令他万万没想到的是：他竟然中了头奖——500万。这时，朋友羡慕地说："你买一张彩票就中大奖了，真幸运啊！以后，你不用再辛苦地画画了吧？"尤利乌斯说："呵呵，我现在就只画支票上的数字。"

他是个有品位的人，先用中奖的钱买了一幢别墅，之后又进行了高档装修，并买了许多高价位的东西：维也纳橱柜、阿富汗地毯、威尼斯吊灯、佛罗伦萨小桌等。一切物质满足之后，尤利乌斯非常惬意。

突然之间，他却感到虽然物质上富裕了，但在精神上却很孤单。他点燃一支香烟，默默地吸着。吸完后，他又像往常一样，把烟头往地上一扔，然后出去看朋友了。可是，等他回来时，他那豪华别墅变成了一片火海，里面所有东西都烧没了……

原来，在以前那个石头做的画室里，他经常将烟头随手往地上一扔，过一会儿烟头就自然熄灭。没想到，现在情况却不同了——燃烧着的烟头躺在华丽的阿富汗地毯上慢慢地燃烧……

朋友们得知这个消息，前来安慰他："尤利乌斯，真是不幸呀！你现在什么都没有，又变成穷光蛋了。"可是，面对被大火烧掉的别墅，尤利乌斯并没有难过，而是乐观地说："怎么不幸了？没什么损失啊！不就是两块钱吗？一切只不过都回到原来的样子而已。"

从此，尤利乌斯又回到自己的小石屋辛苦地作画。最终，他成为一位知名画师。

如今的社会是纷繁复杂的，生活是变化多端及瞬息万变的，我们每个人的人生都有许多的未知数，我们不可能每天都与成功相伴，当然也不会每天都有失败。我们每天都是生活在实验场中，也许会一夜暴富，也有可能一夜破产。对此，我们应该有一种宠辱不惊的良好心态，有一种对生活世俗看透和看淡的智慧，才不会在现实面前迷失自己。

就成功与失败来说，智者无所谓成功失败，而愚者则有所谓失败成功。而成功的机会则经常会光临智者，那么，失败的时候自然就多属于愚者。所以，只要我们抱着从容不迫的良好心理素质和淡然的修养，那么，面对成功与失败就会看得很淡：成功时不知道何谓成功，失败时亦不知道何谓失败。这是一种智慧，也是一种心态。只要我们有这种心态，即便是失败了，还一定会有获得成功的机会，事物才可能真正朝美好的方向发展。

"命运之轮在不断地旋转，如果它今天带给我们的是悲哀，明天它将为我们带来喜悦。"这句话是励志大师拿破仑·希尔在他总结成功法则时说的。他忠告我们不要害怕失败，而要学会"笑对失败"，因为失败是成功之母，因为失败只是暂时的，因为"失败"是大自然对人类的考验，它借此烧掉人们心中的残渣，使人类因此而变得更加纯净。所以，我们要笑对失败，在笑声中显露英雄本色，因为笑声可以带来积极乐观的心态，让我们明白失败只是上帝在考虑怎么给你更好的礼物；因为谁的生命中都没有注定要失败的事情，只有你放弃自己，否则，世界上不存在失败。

可见，事情的成败完全取决于我们的心态，积极的心态比消极的心态无论是对身心健康还是事业成就来说都要好得多。世界上其实不存在真正的失败，只要我们的心态健康！

总有一天，所有人都会为你鼓掌

5. 就算天塌下来，你也没理由慌乱

面对环境的改变，从容的人能保持不惊不喜，心态平静。当一事成功时，我们也不可大喜过望，应沉着冷静，神情自若；如果突然遭遇险情，更要临危不惧，坚持求生；遭遇挫折之时，依然如故，坚定如初。

从容是一种生命状态，也是一种精神状态，就是遇事镇静沉着、不慌不忙；从容是一种心态，同时也是一种方法，或者说它是一种心灵的方法。一个人如果无论身居顺境还是身处逆境都能保持一种镇静沉着的常态，这就需要一种持久的定力。但这种定力不是轻易就可具备的，它需要接受深刻的心灵修炼，包括意志、信念的修炼，也包括品行、人格的修炼，甚至还包括心灵的磨难。

哲学家说从容是"塞翁失马，焉知非福"的写照；心理学家说从容是"所谓心理健康就是任何情况下都能保持稳定的平常之心"。因

此，它在某种意义上说是人生最不可多得的财富，只有保持从容的心态，我们才能万事看淡，才能在困难与挫折面前不低头，才能超越失败，走向成功。

大发明家爱迪生，一生做出 2000 多项重要发明。这位享誉世界的"发明大王"，虽然用自己的发明改变了世界，但他经历的失败却比谁都多，尤其是对于一般人趋之若鹜的名利，他很少放在心上。

在每一种发明成功之前的试验中，爱迪生都会遇到一些想象不到的困难与挫折。不过，人们很少在这位发明家身上看到消沉、颓废、沮丧、悲伤等不良情绪。在某种意义上说，爱迪生的成功得益于他乐观向上的精神，得益于他能坦然接受灾难，得益于他能从容地面对现实的好心态。

1914 年，爱迪生的实验室发生了一场大火灾。在这场熊熊大火中，他一生的许多成果都在片刻之间化成了灰烬。在滚滚的浓烟中，爱迪生儿子发疯似的寻找父亲，害怕父亲经受不住这沉重的打击。据统计，这次火灾的直接损失超过了 200 万美元。但是，爱迪生却用异常平静的心情观望着这场蔓延大火，任一缕白发在风中飘动。当儿子找到他时，他却带有戏谑意味地说："查里斯，快去喊你母亲来，她这辈子恐怕都很难见到这样的场面。"面对一片废墟，这位伟大的发明家却说："感谢上帝，这下我们又可以从头开始了。"

从容是一种平静，也是一种常态，更是一种生存的方法，而且这种方法的核心就是胜不骄败不馁。爱迪生历经种种磨难，宠辱不惊，得失自若以从容的心态面对顺境与逆境，不认为有什么值得悲伤，因此也承受得住任何打击，最终克服困难，不断地取得巨大成就。

总
有
一
天
，
所
有
人
都
会
为
你
鼓
掌

有一位禅宗大师，离家去四处云游。在经历 3 年漂泊之后，他对这次旅行却不满意，因为他所拜访的寺院不如他简陋的住所使他感到称心，异乡的鸟鸣不能与他在晨间的冥想产生共鸣，他人的床铺睡上去远不如自己的舒服。他非常怀念自己的家，便急匆匆地赶回家里。

可是，现实却非常不幸，在他离家这段时间发生了一场火灾，他那个精致的木屋已经被烧毁，只剩下一片焦土和一堆散发出烟味的灰烬。他呆呆地站在那里，看着这一切，心想："我做错什么了，要受到这样的惩罚？我不辞辛苦地进行传道、做好事，希望所有人都幸福，难道这不是善事吗？老天为什么还这样对我？"

不过，一段不满情绪过后，他很快又意识到：老天绝不会故意刁难他一个人，他的遭遇只不过是生活中众多不幸中的一件罢了。想到这里，他觉得心里轻松多了。于是，他告诫自己："小屋已不复存在，再期望只会加剧痛苦，这是无论怎么想都不会改变的事实，不如看开一些吧，世上的一切都是灰尘。"

想到这里，他抬起头，仰望着广袤的天空。他看到有闪闪的星光点缀着黑色的苍穹，一轮满月柔和地照耀着无边的大地，想不到夜色竟然这么美，这使他感到心旷神怡。这时，一个念头在他的心中闪过——他微笑了："我失去了房子，却可以毫无遮掩地欣赏夜空的美丽。"失去了房子，还有星空；失去了床铺，还有大地！人生总是在得失互补、悲喜交接中度过的，没有什么事物值得计较。

面对环境的改变，从容的人能保持不惊不喜，心态平静。当一事成功时，我们也不可大喜过望，应沉着冷静，神情自若；如果突然遭遇险情，更要临危不惧，坚持求生；遭遇挫折之时，依然如故，坚定如初。这是一种境界，一种真实的美丽。因为唯有在从容的时候，我们才能提升自己的内在知觉，真真切切地面对自己的思想，看清事物的本真面貌。

6. 淡定是一种力挽狂澜的利器

淡定是人生处世的一种最高境界，它是"泰山崩于前而面不改色的泰然自若的镇定态度"，又是一种对生活释然的思想状态，淡定人生不纠结。它不会让人痛不欲生，也不会让人忘乎所以，它是一种宠辱不惊，泰然自若的处世态度。

"手把青秧插稻田，抬头便见水中天。心地清净方为道，退步原来是向前。"这是以淡定的方式为人处世的心态。淡定，是一种思想境界，更是一种良好的心态。拥有了这种心态，就可以将毁誉得失看破，将卿卿我我看穿，将胜负成败看透……还可以给我们一种通达、乐观的心境，使我们在危险、可怕的事物面前，不再那么纠结恐惧。

在生活中，每一个人都会产生恐慌心理，也不可避免地会遇到一些令人恐慌的事件。我们为什么会恐慌呢？因为眼前所发生的事情对我们自身的利益或安全带来了危害，让我们的心里产生了害怕或惊慌的情绪。

事实上，"恐慌"是因为我们的心态修炼不够。如果我们能培养一种淡定的心理，就可以减少或克服不好的事情所给我们带来的恐慌与不安，从而从容地应对生活中的一切烦扰，让自己潇潇洒洒地生活。不过，在生活中，能做到淡定真的不是太容易的事。

有一位久战沙场的将军，终日南征北战、驰骋沙场，每日看到的都是战场上的生生死死与无尽的杀戮，使他无法与家里的妻儿老小团聚言欢，不能像正常人那样生活。

有一天，他厌倦了战乱纷争，决定到庙里剃度出家，以逃避战争的喧嚣。于是，他来到一所大寺院里，找老禅师为他剃度。

听了他想要出家的理由之后，老禅师对他说："我不能为你剃度，因为我看你的心意还不够淡然，你出家的时机还不到。"

将军一看老禅师不肯为自己剃度，就有些急了，说："禅师，我真的可以抛弃世间的一切。现在，我的心中非常淡然，无牵无挂，就连可爱的孩子与娇妻都可以割舍得下，你就给我剃度吧！"

总有一天，所有人都会为你鼓掌

"将军，你先不要着急。你的心情确实有些浮躁不安，今天无论如何我是不会为你剃度的。等你的情绪平静下来再说吧！"老禅师心平气和地说道。

见老禅师执意不肯为自己剃度，将军只好无奈地离开寺院，回到家中。

为了表达自己出家的决心，一天早上天刚亮，将军就起床，去了寺庙，再次要求老禅师为他剃度。他心想：这回老禅师应该相信自己的诚意了吧！

不料，老禅师却说："你这么早就起床外出，不怕你的爱妻红杏出墙吗？"

将军听后非常生气，脸都涨得通红。他恼羞成怒地指责老禅师不该口出此言。

但是，老禅师仍然微笑地看着他，说："你看，你如此在意自己的妻子，又怎么能将凡尘割舍得下呢？我说你心情浮躁，还不适合出家，没有说错吧？所以，你还是赶紧回去吧，不要再想着剃度了。"

在缤纷的生活中，我们要做到从容淡定，并非一件轻而易举的事。像上文中的将军那样，我们总是无法摆脱世事纷扰，以为自己的内心已经淡定从容了，但与他人交流时总是无法做到心平气和；总以为自己已经非常从容了，但实际上却做不到真正的豁达。为什么呢？因为我们的内心不够淡定，思想不够淡然，又怎能挣脱这个物欲横流的社会？又怎能在这个纷杂喧嚣的生活中找到人生的真谛，而使自己的心灵处于坦然无欲的境地呢？

我们经常被名利所干扰，被生活环境所影响，从而迷失了自己的初衷。在某些思想的支配之下，我们往往会一而再、再而三地去追求物质利益，却不知随着物质的增长，而我们的精神却越发空虚，从而导致我们找不到生活的快乐，也失去了人生的意义。避免出现这种局面，我们只有将胜负成败看透，将得失看淡，才可以不改初衷，一往无前。

罗斯福是美国第 32 届总统。他是个非常大度而充满智慧的人。有一次，他家里进了小偷，一下子被盗走许多值钱的东西，而且还不知道盗贼的去向。一些亲朋好友知道后，都替他感到气愤，纷纷过来问候或安慰。但是，罗斯福却不以为然地对朋友们说："我亲爱的朋友们，我现在的心情非常平静。你们放心吧，我一点儿也不愤怒。因为我很庆幸小偷只是偷走了我的东西，而没有伤害我与家人。再说，他们只是拿走了部分财物，而没有将所有的家当都偷走。最重要的是，做小偷的是别人，而不是我。"

罗斯福这种豁达而淡然的态度在当时曾被传为佳话，为他赢得了极高的口碑。正是他这种淡定而不计得失的态度，使他获得了许多的机会，赢得了国人的爱戴，一步步走向了事业的顶峰。

罗斯福对待生活的这种态度就是我们对淡定最完美的阐释。有人说，淡定是人生处世的一种最高境界，它是"泰山崩于前而面不改色的泰然自若的镇定态度"，又是一种对生活释然的思想状态，淡定人生不纠结。它不会让人痛不欲生，也不会让人忘乎所以，它是一种宠辱不惊，泰然自若的处世态度。有话说："失之坦然，得之淡然，争之必然，顺其自然。"这种人生境界充分地说明了淡定是人生处世的一种最高境界，它可以让我们做到"胜不骄，败不馁"，使我们在物欲横流的浮躁尘世中淡然地生活，让我们在恐慌或愤怒之时镇静地力挽狂澜。

遇事淡定是最强大的精神武器，它可以让我们看穿名利、宠辱不惊，在狂风巨浪面前镇静自如，在复杂多变的生活中谈笑风生。所以，淡定可以滋养心灵，使我们的思想得到升华；淡定是一股强大的内心力量，可以挽大厦于将倾。因为它可以使我们控制起伏不定的情绪，可以使我们淡看得失，冷看繁华；可以让我们在得到的时候不张狂，在失意的时候不绝望。所以，它可以使我们的人际关系变得顺畅、和谐，使我们的生活走向平坦与幸福。当我们放宽心态，淡定地生活时，就会发觉生活处处皆是美景。

第四章
你若内心强大，就没有过不去的坎儿

　　改变从"心"开始。一个人是否强大，要看其内心是否强大。我们在追求梦想时，常常会遇到一些困难和挫折。这是考验我们是否强大，能否变得强大。此时，我们只要内心强大，无论多大的困难在我们面前就会"变小"，而有了这种精神动力的我们最终往往能克服困难，变得真正强大起来。相反，困难就会被放大，我们只有失败一条路。

1. 内心强大与否决定你的成败

拥有亿万家产，也不如拥有一个强大的内心世界。因为强大的内心是一个人走向成功的力量源泉。

人人都想成为成功人士，事有所成、受人敬仰，但是，现实生活中的人真正成功的却很少。那些看起来外表光鲜、耀武扬威、装腔作势、夸夸其谈的人……都不是成功者，反而是内心虚弱的表现。因为成功来自我们可贵的观念，来自我们强大的内心。

在现实生活中，有些看起来很成功的人往往是一些自欺欺人的成功者，因为他们经常上演一些荒唐可笑的事情，比如，有一些成功人士，因为有点成就而忘乎所以，整天花天酒地，闹出很多绯闻与笑话；有些高学历、高智商的人，因为生活的一点小失败而颓废，最终一事无成；有那些拥有亿万家产的人，由于情感等的不如意，孤独一生等。

人不会因为拥有金钱、权势、地位而成为真正的强者，只有经得起生活的考验，只有拥有强大的内心，才能成为一个真正的强者。因为一个宽广强大的内心世界才可以使你拥有你真的想要的一切，才可以使你不会被挫折或外力所击败。

拿破仑·波拿巴不仅是杰出的军事家，也是欧洲史上最伟大的人物之——一他从一名普通士兵成长为军队统帅、皇帝，需要多大的雄才伟略啊！他不仅创造了法国历史，也创造了欧洲历史。

拿破仑创下了那么伟大的事迹，究竟是怎么做到的呢？一些历史学家及智者都认为，是一把宝剑和一部法典帮助拿破仑改变了欧洲乃至世界历史的走向，成就了他的丰功伟绩。这话没错，但是，使拿破仑登上权力巅峰并创造惊人奇迹的原因还有另一件法宝——强大的内心！

拿破仑小时候家境贫寒，但父亲还是尽最大努力把他送进了一所贵族学校，希望他以后有所作为。

进入这个学校之后，拿破仑发现，与那些贵族子弟相比，自己的生活非常尴尬，不但穿的衣服没有人家的高档，就连学习用品与他们也不在一个档次。为此，他常常遭到那些有钱有势的同学们的捉弄与嘲讽。拿破仑极为愤怒。他发誓一定要摆脱这种困境，一定要成为一个了不起的人，给那些嘲笑他的人一个狠狠的教训。

拿破仑表面上不动声色，而心里却暗暗用功。他省吃俭用，发愤学习，每月都要挤出钱来买书、租书来阅读与学习。拿破仑尤其对历史书和人物传记情有独钟，常常感叹那些古代英雄们的丰功伟绩，内心强烈渴望自己有一天也能成为盖世英雄。特别是对古罗马政治家布鲁图这样的人物，非常敬佩。在生活习惯上，拿破仑总是让自己与英雄们看齐。

此时，那些有钱同学的不断捉弄与欺负，拿破仑毫不在乎，不过，别人的嘲笑和挖苦反而坚定了他的决心与斗志。

在学校学习5年之后，拿破仑以全校第一名的成绩毕业，同时荣升少尉。之后，他应征入伍，开始了实现人生抱负的第一步。

有一次，因违反了一点小军纪，拿破仑被关在禁闭室里自省。他不甘心时间就这样白白地浪费掉，便在旧书橱里找书看。没想到，他竟发现了一本古罗马的《国法大全》——这令他如获至宝。他很快便读完，从中获得了不少法律知识。

后来，他又阅读了卢梭的《社会契约论》《爱弥儿》《忏悔录》和歌德的《少年维特之烦恼》等著作。而且，他常常一边读书一边做笔记。拿破仑这时虽然有满腹才学，但由于性格有些孤寂、沉闷，以至于被人挤掉了少尉军衔。不过，胸怀大志的他并没有因此消沉，他更是暗下决心，一定要让自己强大起来。

总有一天，所有人都会为你鼓掌

在一次作战之前，拿破仑画出了战争所在地的地图，画得非常详细，不仅标出应在哪些地方布防，还将整个战局都计算得十分精确。这一下子引起了长官的注意。长官开始对他另眼相看，此后总给他一些别人所不能及的任务与机会。就这样，拿破仑辉煌的梦想从这里开始实现了。

此后，拿破仑先后多次打垮了欧洲各个封建君主国组织的"反法同盟"，并在欧洲、非洲、北美洲各战场上取得了辉煌的战绩，大大削弱了欧洲大陆的封建势力。后来，他不但成为卓越的军事家，还成为野心勃勃的政治家。尤其是，他颁布的《拿破仑法典》确立了资本主义社会的立法规范，是一个伟大的功绩。

有人说，拥有亿万家产，也不如拥有一个强大的内心世界。因为强大的内心是一个人走向成功的力量源泉。为什么这么说呢？因为一个内心软弱与空虚乏物的人是没办法凝聚力量的——他们不是纠缠于得失，就是被一些鸡毛蒜皮的小事羁绊。再说，心灵的疲惫使他们没办法加强自己的能量，自然也就不能实现自己的愿望，或许他们根本就没有远大的抱负与美好的愿望。内心力量强大的人往往可以保持安定与平静的心情，更显平和、谦卑、自信，具有独立思考能力，明白如何才能得到快乐，清楚地知道自己的所做、所思。

事实上，内心的强大包含了很多优良品质，它不是霸道，不是强压，而是心灵与精神都非常充实与饱满。内心强大的人更容易战胜一切恐惧与悲观的心态，因为任何事情他们都能够处之泰然，宠辱不惊；他们往往有明确的人生目标，知道自己要什么、不要什么，该怎么做，因此，他们也往往更容易到达成功的顶峰。

那么，怎样才可以做一个内心强大的人呢？以下几点可供借鉴：

1. 大方付出。

成功是属于大方的人的，因为不舍得付出，就难有回报。要想得到，我们就一定要先有付出，一定要相信天地之道——一分付出，必定有一分回报。在生活中，索取谁都会，但大方地付出往往很少有人做到，这也是失败者比成功者多的原因之一。

2. 修炼健全的人格。

只有充实而多姿的生活，才可能让我们的人生丰富多彩而非轻飘飘的不堪一击。而生活是否充实则完全来自我们的内心。如果我们的内心是强大的，那么我们的生活也一定是丰实而非空洞的。我们要想拥有强大的内心，首先得拥有健全的人格帮我们积聚外界的能量，使我们的愿望得到必需的协助。

3. 保持一颗稳定的心。

有人说，人心就像一匹野马。在一般情况下，野马都是背着人到处乱跑。要想做大事，我们就必须要学会制约这匹野马。因为一个驾驭不了自己内心的人是什么事情都做不好的。正因为如此，不管我们的心有多么桀骜不驯，我们都要驾驭我们的心，让它稳定下来——不论遇到什么事，冷淡的效果远比狂热要好得多，毕竟我们保持心平气和时，很多事情都能看清楚。

4. 不依赖外界的评价。

莎士比亚曾说过："听取别人的意见，保留自己的判断，才是智者。"的确如此，一个人只能有自己的主见与风格，才不会成为人云亦云的墙头草。受到外界质疑而又不为其所动的人，才是真正的强者。因为依靠别人来证明的能力不叫真正的能力，只有自己能证明自己的时候才是真正的强大无比。

5. 学习能力。

活到老，学到老，学习能力强的人才能成为强者。所以，我们要不断地进行学习和培训，学习专业知识，学习别人的长处；向成功的人学习技术，向失败的人学习经验，向最聪明的人学习技巧。

6. 反省自己。

一个肯否定自己的人，一个懂得思考反省的人，也必定是有担当而强大的人。我们只有不断地自省，才能去除浮躁心态，才会不断地有进步。而不要妄下论断，凡事要在冷静的基础上寻思，少怨恨别人，多从自己身上找原因。

7. 要有化解矛盾的能力。

人与人之间产生矛盾是在所难免的，一味地怨恨是解决不了任何问题的。我们只有想办法化解，才可以使问题得到解决。而能化解矛盾的人也必定是内心强大的人。因为，我们要化解矛盾，就必须要懂得协商、沟通与探讨，当然这也需要一定的策略。

2. 永远拥抱自信，做勇敢的自己

　　拥有自信是我们生活打拼最需要的动力，而勇敢则是我们进取的脚步。我们只有扬起自信的风帆，勇敢地为自己鼓掌，人生的大船才能在艰难险阻的风浪中乘风破浪、勇往直前。

　　"想唱就唱，要唱得响亮，就算没有人为我鼓掌，至少我还能够勇敢地自我欣赏……"这是一首歌中唱的。是的，为自己鼓掌，自信的人最美；我们不需要仰望天空，不需要俯视大地，不要在乎别人的眼光，大大方方，相信自己，心中会充满信念。勇敢做自己，潇潇洒洒，平视自己面前的高山河流。

　　自信的产生是自我意识的选择，是一种气质，一种精神。它不是物质可以带来的，也没有半点虚伪和掩饰，它是我们的心理正能量，只要我们能不断地告诉自己拥有无限的能力和无限的可能性。我们就可以活出真真正正的自我，即使别人不喝彩，我们也还可以为自己鼓掌。

日本著名音乐指挥家小泽征尔被誉为"东方卡拉扬"。可以说，他的成功与他那坚定的自信心是分不开的。

有一次，在一次大型的评选中，他拿着乐谱，全神贯注地指挥着。可是，他突然发现乐曲中出现了点不和谐的音符。他感到非常奇怪，以为是自己指挥错了，就赶紧指挥乐队停下来，重奏一次，但这次仍然觉得不自然。他想，一定是乐谱有什么问题。但是，在场的一些音乐家们都认为是他的错觉——他们是国际音乐界的权威人士，都坚持说乐谱没有问题。

不可能呀！难道真的是自己弄错了？这一刻，他产生了一丝犹豫。瞬间犹豫后，他坚信自己的判断是正确的：肯定是乐谱有问题。

于是，他斩钉截铁地大声说："一定是乐谱错了，我相信自己的判断！""啪啪……"他的语音刚落，掌声便响起了。这时，在场的音乐家们都站起来向他致意，并将热烈的掌声送给他。

原来，这种情况是评委们精心设计的一个圈套，因为这是一次重要的音乐评选会，评委们想试探一下参加的指挥家在发现错误时是怎么做的，是认同权威人士的意见，还是相信自己的判断能力。只有相信自己判断能力的人，才能真正称得上是一流的音乐指挥家。因此，这次评选，只有小泽征尔顺利过关。

每个人来到这个世上都想取得辉煌的成就。然而，事实却不是每个人都能如愿的，往往只有一小部分人成功了，而他们通常就是那些勇敢而自信的人。那么，无论发生什么事，无论处于什么境地，我们都相信自己，就像小泽征尔那样，坚信自己的判断，才能一定成功。

其实，漫长的人生好比浩瀚大海上的一只船，而自信就是船帆，如果能鼓起自信的风帆，便可以迎风远航，如果没有帆，那么，船几乎没有生存的机会。成功者无不经受艰难挫折，拥有自信可使我们把握好生命的船。或许在别人眼里，我们只是一棵不起眼的小草，被人随意忽视或践踏，但只要我们能默默地欣赏自己，我们照样可以茁壮成长的，照样可以拥有一抹绿色，可以开花结果，也可以为大自然带来一片欣欣向荣的生机……拥有自信是我们生活打拼最需要的动力，而勇敢则是我们进取的脚步。我们只有扬起自信的风帆，勇敢地为自己鼓掌，人生的大船才能在艰难险阻的风浪中乘风破浪、勇往直前。

大仲马与小仲马父子俩都是法国著名小说家。可能是遗传基因的原因，小仲马在青年时期就很喜欢创作。但是，虽然他写了很多作品，却没有一部能发表——全部被出版社退了回来。大仲马担心儿子受打击，就劝他在寄稿时向出版社提一下你是大仲马的儿子，可能就顺利多了。不料，小仲马却固执地说："我才不这样做呢！因为我不想坐在你的肩头上摘苹果，因为那样摘来的苹果是不会好吃的。"

小仲马非常自信。他并没有因为一再地退稿而意志消沉，更没有依靠父亲的名气，甚至还不露声色地给自己取了个其他姓氏的笔名，以免让那些编辑把他与大名鼎鼎的作家联系大仲马起来。他凭着自信坚苦的努力着，一个人不断地去思考，去修改，去创造。最终，他的长篇小说《茶花女》一面世就震撼了文坛——小仲马最终凭自己的能力驰名于文坛。

在《茶花女》出版之前，其绝妙的构思和精彩的文笔，让出版业的一位知名老编辑为之震惊。当他看到投稿人的地址和大仲马的地址一样时，竟怀疑是不是大仲马另取了笔名。但是，在仔细阅读了作品之后，他又发现其文学风格和大仲马的迥然不同——这令他非常诧异。

当他带着满腹疑虑去拜访大仲马时，他又惊呆了：原来这部伟大作品竟是出自大仲马的儿子小仲马之手。他问小仲马："你为何不在你的稿子上署你的真实姓名呢?"小仲马回答说："我只想拥有自己真实的高度，而不想依靠他人。"

相信自己的感觉与判断，不被他人的观点所左右，勇敢地发表自己的见解，才能赢得别人的称赞与认同。在生活中，很多事情"信则有，不信则无"。无论做得成功与否，我们都要时刻坚信："我相信自己，我一定是可以的!"只有充满了自信，我们才能够把自己生命里的能量和积极性都充分地调动出来，才能潜意识地把成功的信念变成成功的行动，从而推动我们真的走向成功。

我们如何让自己拥有自信，从而勇敢去做自己想做的事呢？以下几点方法，会对你有所帮助。

1. 树立良好形象。

良好的形象有利于自信心的增强。我们在言行举止上，应目不斜视，行为端方；在衣着上，应保持得体的仪表和健美的体形。当你能给人一种不俗的外表时，就会有发自内心的自信。

2. 多接触胸有成竹的人。

我们平时应多与有志向、有信心的人交往，因为与那些胸怀宽广、自信心强的人接触的时间越长，越会大大增长我们的自信心。如果经常和那些意志消沉、悲观失望的人在一起，不但不会增长自信，还会使我们也变得萎靡不振。这就是"近朱者赤，近墨者黑"所说的。

3. 学会多微笑。

笑一笑，十年少。一笑，自信从中而来，让人显得年轻漂亮，进而也能增强自信心。尤其是微笑，还会增加人的幸福感，让人觉得快乐，觉得生活美好——微笑也是自信的源泉。

4. 做好充分的准备。

俗话说有备无患，凡事都提前做好充分的准备，就不至于到时候手忙脚乱。所以，当要从事某项活动之前，特别是一些重要的事情，我们一定要先筹划，将需要的东西都准备齐。这样，事情开始后，我们必然就会显得自信。

5. 正面心理暗示。

心理学的研究发现，当你碰到困难或产生颓废的念头时，只要不断对自己进行正面心理强化，比如对自己说"我一定能做得更好"等激励的语言，就有利于充实内心的正面能量，从而不断提升自信心。不过，在进行自我心理暗示，只能做正面的自我心理暗示，一定要避免对自己进行负面强化，不要有放弃与消极的念头。

6. 保持一定的自豪感。

人不可有傲气，但不可无傲骨。虽然谦虚是做人的美德，但也不可过度。所以，我们要对自己保持一定的自豪感。因为过分贬低自己，对自信心的培养是极为不利的。

7. 定一个自信的目标。

目标是拼搏的动力，也是自信产生的向导。有了目标，我们才会奋起，有了目标，我们才会努力。不过，确定的目标一定要得当，不能太高，也不能太低，否则，反而会对自信心有所破坏。当我们觉得目标离自己越来越近时，我们就会越来越自信了。

8. 多关注优点和成就。

再平凡的人也有自己的长处。我们不妨想想自己有哪些优点，然后拿来纸和笔，将它们一一列出来。此外，一些小成就或小点子也可以写上。如此，我们清晰地写出自己的优秀之处，没事的时候，就拿出来看一看，想一想，心中的喜悦与自豪感也就会充盈起来。

3. 忠于心中的信仰，找到精神的支点

　　成功离不开目标的指引，追求离不开精神的支柱。目标给了我们生活的目的和意义，精神的支柱让我们知道要往哪里去，去追求什么。所以，精神的支柱有着非凡的力量，它可带我们去想要达到的境地，不管路途多么遥远，心中都会充满希望，都是帮我们战胜一切困难的力量。

　　2000多年前，古希腊杰出人物阿基米德曾口出狂言。他说："给我一个支点，我能撬起地球！"如此狂放的语言，他竟说得那样大言不惭，这简直就是弥天大谎。他拿什么做支点？真是太疯狂了！因为根本就不存在那样一个"支点"。但是，正是这一句疯话成就了阿基米德——他被后人誉为伟大的古希腊哲学家、百科式科学家、数学家、物理学家、力学家、静态力学和流体静力学的奠基人等名誉和头衔。他那个"撬起地球"的支点，就是精神的支点，也就是他追求的目标

与方向。

不难看出，找到精神的支点，我们才可以进步，才能找到自己的人生方向，才可以成功。因此，当清晨的第一缕阳光穿过茫茫的雾气给我们带来一丝光明的时候，当夜空中灿烂的繁星为我们点燃起希望的灯火的时候，我们何不扬起信仰的风帆，带着希望的梦想，去寻找自己精神的支点呢？因为，在一个浮躁而功利的物质时代，唯有坚实的信仰，我们才不至于随波逐流；在急速而迷茫的生活节奏中，唯有找到精神的支柱，我们才不至于被庸俗的生活腐化或湮灭。

公元前287年，阿基米德生于西西里岛一个叫叙拉古的地方。他的家族与叙拉古的赫农王有亲戚关系。所以，他家是十分富有的贵族家庭。阿基米德父亲学识渊博，是天文学家兼数学家。阿基米德从小就受到父亲的熏陶。11岁时，阿基米德被送到古希腊文化中心亚历山大里亚城，跟随欧几里得的学生埃拉托塞和卡农一起学习。

亚历山大里亚是当时文化贸易的中心之一，被世人誉为"智慧之都"。阿基米德在这里学习和生活了许多年，曾跟很多学者密切交往，这为他以后的各项成功奠定了坚实的基础。后来，他发现了杠杆原理，却没有人能够理解与解释，甚至有哲学家一口咬定说这个原理是"魔性"。只有阿基米德自己坚信自己的推断与研究。他豪壮地说："给我一个支点，我就能撬起地球。"叙拉古国王听说后，对阿基米德说："阿基米德，凭着宙斯起誓，你说的事真是稀奇古怪。你到哪里去找一个支点把地球撬起来呢？"

"这样的支点是没有的。"阿基米德回答说。

国王说："那么，要叫人相信力学的神力就不可能了？"

"不，不，你误会了，陛下，我能够给你举出别的例子。"阿基米德坚信地说。

当时，叙拉古国王正有难题。他曾替埃及国王造了一艘很大的船，但是，大船造好后，几乎动员了叙拉古全城的人也没法把它推下水，这令他非常头痛。于是，叙拉古国王就对阿基米德说："你太吹牛了！如果你能替我推动一样重东西，我就相信你的话。"

"好吧，我替你来推这一只船吧！"阿基米德说。

离开国王后，阿基米德就利用杠杆和滑轮的原理设计了一套巧妙的机械。一切都准备好之后，阿基米德就请国王来亲自看大船下水。阿基米德把一根粗绳的末端交给国王，让国王拉一下。没想到，国王刚轻轻地拉动，那艘大船就慢慢移动起来，并且很顺利地滑入了水里。

顿时，国王和大臣们都震惊了：这可是像魔术一样的奇迹啊！于是，国王信服了阿基米德，并向全国发出布告："从此以后，无论阿基米德讲什么，都要相信他……"

成功离不开目标的指引，追求离不开精神的支柱。目标给了我们生活的目的和意义，精神的支柱让我们知道要往哪里去，去追求什么。所以，精神的支柱有着非凡的力量，它可带我们去想要达到的境地，不管路途多么遥远，心中都会充满希望，都是帮我们战胜一切困难的力量。因为有了精神支点，我们工作的注意力会更加集中，我们的行动也会更快捷，思想与思维也会更加快速地配合，这就是心理学上所说的网状激活系统，它对我们走向成功起着激励的作用。

精神支点是我们最可贵的东西，也是我们创造美好生活最需要的力量。只要我们能在精神上找到一个支点，我们就可以让自己站起来，让自己成为一个"大写的人"，就可以去做自己想做的一切事情，可以让自己肩起一个时代的责任！阿基米德之所以能斩钉截铁地说"我能撬起地球"，就因为他心中有一个伟大的精神支点，这个支点在支持他的野心、他的欲望，也是他走向成功的传奇。而这样的支点正是现代人进入物质化、庸俗化时代最缺乏的东西。一旦我们灵魂深处或思想碎片中有可以支撑我们心灵的柱子，我们就会有强大的走向成功的推动力。

　　不管生活是什么样子，我们来到这个世界都应该是幸福的。因为摸爬滚打追求的是幸福本身，而活着、不断地观看瞬息万变的大千世界也是一种幸福。所以，纵然经历无数次坎坷与泥泞，最终我们都能获得成长的感悟。因此，让我们踩着信念的阶梯，去寻找精神的支点，去寻找梦的奇迹吧！

　　事实上，我们生活的动机往往只有一个目的，那就是远离痛苦，追求欢愉。而这个目的还要靠一股热忱来获得精力，让藏在内心中的那股奔流涌起。这时，我们就要靠一个丰实的精神支点，才能扬起信念之帆，勇往直前。因为，有了精神的寄托，无论途中风狂雨骤，还是日丽风清，我们都会一路高歌前行，而不至于停留或者彷徨在路口。有精神那永恒不变的支撑，一切困难和经历让我们变得更有韧性。随着追求目标的接近，精神支点的印迹也慢慢清晰，就等于在心中建立了清晰的图像，这样的话，我们做起事情才能更精神，仿佛看到成功正在不远处向我们招手。毕竟，精神的寄托也是一种灵魂的升华，让信念的火苗在心中燃起，从而帮我们撑起一片蔚蓝的天。

4. 改变人生，必须相信自己潜力无限

安东尼·罗宾说，大自然赐给每个人以巨大的潜能。那些成就非凡的人，就是潜能开发得比常人多的人。其实，我们每个人的心中都有一个沉睡的巨人。而这个巨人只要能被我们及时唤醒，我们就能发现原来自己就是一只生活在鸡群内的雄鹰，有着翱翔蓝天的本领。

"如果一个人充满自信地朝着他的梦想前进，并且尽最大努力去过他想象中的生活，他会在不经意间获得意想不到的成功。"这是被称为美国三大作家之一的亨利·大卫·梭罗所言。他认为，每个人都可以创造不可预知的未来，都有无限的可能存在，只是未被发掘出来。是的，只有我们肯努力去做，不管是多么困难的事情，都有成功的可能。因为我们每个人的身上都蕴藏着无穷无尽的潜能，而这些潜能一旦被发掘出来，就会成为巨大的力量，就可以创造出惊人的成就。就算那些看似平淡无奇，甚至碌碌无为的人，只要其潜能被开发出来，

也一样可以成为本领强，甚至了不起的人。

拿破仑·希尔，曾对美国的一些亿万富翁进行了研究。他发现这些人有一个共性：自信。他们每个人对生活都抱有一种非常积极期待的态度。由此可见，只要我们相信自己，并且坚持下去，那么我们的潜力就能变为实力。

有这样一个寓言故事，客观地说明了潜能的力量。

有一个小男孩非常喜欢冒险。他父亲在山坡上开了一个养鸡场。有一天，他一个人悄悄爬到养鸡场附近的山上。玩耍时，他发现一个鹰巢里有个蛋。于是，他就把那个蛋带回养鸡场，并把它和鸡蛋混在一起，让一只母鸡进行孵化。

一段时间之后，这只母鸡孵化的蛋全都破壳而出。从此，这群小鸡里就有了一只小鹰。小鹰和小鸡们一起长大，但它却不知道自己是鹰，除了知道自己与别的小鸡不一样，并没有感觉到自己有什么特别之处。于是，它每天过着和鸡一样的生活。

不过，随着它不断地渐渐长大，它心里常常会产生一种不安的感觉，有时会想："我可能不只是一只普通的鸡""我会不会是一只很了不起的动物呢？"但是，它又不知道自己该怎么做。

直到有一天，一只真正的老鹰在养鸡场的上空翱翔，小鹰看到了之后，突然感觉自己的双翼有一股奇特的力量，想要飞起来似的。这时，一个想法在它的心中出现："我要飞上蓝天，像天上那只鹰一样，这个养鸡场绝对不是我久待的地方。飞上天空才是我的梦想！"于是，它勇敢地展开双翅，奋力地扇动，身体居然真的飞了起来。虽然它从来没有飞过，但它内心所蕴藏的飞翔的力量和天性终于被激发了出来。

它一下子飞上了房顶，又从房顶飞到了山坡，从山坡飞到山顶，又从山顶飞上了蓝天……

小鹰俯身向自己生活的养鸡场观看时，突然发现自己很了不起。

安东尼·罗宾说，大自然赐给每个人以巨大的潜能。那些成就非凡的人，就是潜能开发得比常人多的人。其实，我们每个人的心中都有一个沉睡的巨人。这个巨人只要能被我们及时唤醒，我们就能发现原来自己就是一只生活在鸡群内的雄鹰，有着翱翔蓝天的本领。

据科学研究发现，人的一生中脑细胞的利用率仅为 1%～2%，也就是说很多的脑细胞都处于闲置状态，自然很多的潜能没有被开发出来。据说，就连爱因斯坦这样的天才科学家，他的脑细胞利用率也不足 5%。由此可见，只有我们的大脑被巨人唤醒，才能使自己真正走向成功。只要我们的潜能被开发出来，那么，我们每个人都是天才，即使最普通的人，也可以成就一番惊天动地的事业——这就是潜能的力量。

史蒂芬逊小时候家里很贫穷，从未在学校受过正规教育。8 岁的时候，他就去给人家放牛放羊，以换取微薄的生活之需；刚到 13 岁时，他就像大人一样跟父亲到大煤矿去干苦活。但是，在煤矿干活期间，他的大脑竟然产生了许多智慧。

一开始，史蒂芬逊什么都不会做，只是帮助人家擦拭机器。后来，他又当了蒸汽机司炉工的副手。当别人在修理机器时，史蒂芬逊总是细心地观察，耐心地询问，以了解机器的构造和功能。不仅如此，他还经常刻苦地学习与钻研机器运行的原理。就这样，经过长时间的学习与积累，他掌握了相当丰富的专业知识与熟练的技巧。

有一天，煤矿里一辆运煤车坏了。维修的师傅们修理好长时间都没有修好。眼看运煤车不能使用，史蒂芬逊心里很着急，便自告奋勇地要求自己去修理。他从容不迫地将机器拆开，很快就修好损坏的地方。由于他平时摆弄过很多机器，对运煤车构造上容易出毛病的地方非常了解，史蒂芬逊很快就搞定。结果一试，运煤车果然很正常地开动起来。这下领导对史蒂芬逊刮目相看。史蒂芬逊很快被提升为机械工程师。

就这样，史蒂芬逊身上蕴藏的潜能渐渐被激发出来。后来，经过多次刻苦的实践与研究，他发明了人类历史上的第一列火车，被称为"火车之父"。

有位哲人说，潜能是隐藏在我们身上的巨人，也是人类最大而又开发得最少的宝藏，它一直都等待着我们去唤醒。美国的一位心理学家说："如果编撰 20 世纪的历史，可以这样写：我们最大的悲剧不是恐怖的地震，不是连年战争，甚至不是原子弹投向日本广岛，而是千千万万的人生活着然后死去，却从未意识到存在于他们身上的巨大潜能。"可是，在现实生活中，很多人之所以没有取得预期的成就，绝大部分原因都因为没有充分发掘自己的潜能，没有唤醒心中的巨人，没有充分利用自己的大脑，才导致终生一事无成。

在生活中，有些人认为自己天生就不够聪明，身上没有一丝闪光点，天生就缺乏成功的能力，从而对自己灰心，对生活得过且过，却没有想到自己身上也蕴藏着无穷的能量等待着自己去激活、去开发。殊不知，上苍绝不会亏待任何一个人，它给我们每个人都提供了无穷无尽的机会，让我们去发挥自己的所长。诚如世界顶尖潜能大师安东尼·罗宾所说："任何成功者都不是天生的，成功的根本原因是开发了人的无穷无尽的潜能。"

虽然我们每个人自身都蕴藏着无限的潜能，但我们目前对潜能的认识还很肤浅。在日常生活中，由于没有进行智力训练，我们的潜能通常都是未被激发或受到了压抑，最终导致我们只能成为普通之人。而那些伟大的人物，如伽利略、达·芬奇、贝多芬、爱因斯坦、富兰克林、丘吉尔等，都是潜能开发的先驱者——他们在不回避困难的同时也唤醒了内心的潜能。所以，并非大多数人命里注定不能成为爱因斯坦或贝多芬式的人物，而是我们每个人的潜能从没得到淋漓尽致地发挥。我们在追求梦想时，一定要重视和努力开发我们内心蕴藏的潜能，让自己变得强大起来，让自己的人生从此发生巨大改变。

5. 学会用强大的信念去鞭策自己的行动

信念是战胜苦难的利剑，又是一位高明的导师，让我们在苦难中苗壮成长。它决定着一个人的成败，左右着一个人的命运。只有建立正确的信念，我们才有可能走向人生的成功。一个人如果没有长久坚持下来的信念，那么最终将会平庸一生。相反，一个人如果有长久坚持下来的信念，就可以让人从逆境中奋起，从失望中看到成功的希望。

女作家丁玲说："人，只要有一种信念，有所追求，什么苦难都能忍受，什么环境都能适应。"是的，信念是通向成功的桥，信念给人不屈的力量，助人在苦难中成才，一个有坚定信念的人，终将走向成功。

人生总是坎坎坷坷、大大小小的困难不断，各种困境、磨难总会在不期然之间出现，令我们始料不及，束手无策。这时，如果没有坚定的信念，我们往往就会如无帆之舟徘徊在人生的十字路口，难免会像迷途的羔羊不能朝正确的方向走下去，也难免会碰到暗礁泥石而被撞得头破血流。这时，如果没有信念的支撑，任何理想都是空谈。如果说成功是一座宏伟的城堡，那么信念就是那穹顶的梁柱。如果没有信念的支撑，那么成功也就只能是废墟一片。信念就像我们播下的种子，如果我们天天都让这颗种子萌发成长，那么，等它长大成为参天大树的那一天，成功就会出现在我们的面前。

罗杰·班尼斯特是英国著名的田径运动员。在多年的运动生涯中，他获得了大大小小无数奖牌和世界冠军的头衔，并且还在田径运动项目中创下了打破世界纪录的光环。

在1954年时，罗杰·班尼斯特的人生正处在发展的十字路口，虽然在几年运动生涯中他都取得了不菲成绩，但他却总想挑战"四分钟内跑完一英里"的成绩。为此，罗杰·班尼斯特经常在自己的脑海中想象以及模拟如何在"四分钟内跑完一英里"的情形，并为此付出了更加刻苦的训练。

但是，罗杰·班尼斯特的想法却一直被教练与同事们认为是不可能实现的事，因为很多年来人类未表现出如此优秀的成绩。可是，这件事对罗杰·班尼斯特来说，就像天生的使命一样重要，自己一定要完成这个成绩的信念在潜意识中给他下了一道命令——无论如何都要打破"四分钟跑完一英里"的纪录。久而久之，这种想法便形成了一种强烈的信念，使他拼命地去训练自己，甚至不知道辛苦与劳累。

在这种强烈信念的支配下，罗杰·班尼斯特最终创下了打破世界纪录的辉煌。而且，在他的激励鼓舞之下，后来还有很多人都达到了这一目标。只是，在他之前的许多年里，没有人能突破这一成绩。

当代诗人王家新说："在山的那边是海！是用信念凝成的海。"只要我们坚持一个信念——"山那边是海"，就一定能走向成功。因为信念是一个人灵魂深处一种不可战胜的力量，如果说生命是一只飞翔的小鸟，那信念就是那有力的翅膀。就像罗杰·班尼斯特之所以能创造这项似乎不可能突破的纪录，就缘于他心中那股强烈的信念促使他努力地去飞翔。信念让我们坚强，有了信念，精神上就有了无穷的力量。正是因为要实现心中的梦想这一信念，才使他不断地进步，不断严格地要求自己，最终取得优异的成绩。

信念是战胜苦难的利剑，又是一位高明的导师，让我们在苦难中茁壮成长。它决定着一个人的成败，左右着一个人的命运。只有建立正确的信念，我们才有可能走向人生的成功。一个人如果没有长久坚持下来的信念，那么最终将会平庸一生。相反，一个人如果有长久坚持下来的信念，就可以让人从逆境中奋起，从失望中看到成功的希望。

日本内阁最年轻的阁员野田圣子，在 37 岁时就当上了日本内阁邮政大臣。如此顺利的仕途，除了与她出身名门的家世有关系外，与她对工作认真负责与执着坚持的态度也有着非常大的关系。

野田圣子大学毕业那年，大家都以为她会到一个光鲜、高雅的场所去工作。谁知道，在训练期间，她却被安排到一家酒店当清洁工，而且还要天天在厕所里打扫卫生。

第一天在厕所打扫卫生时，她实在无法将这份工作做好，尤其是清洁马桶时，她作呕难受，胃里像要翻江倒海了似的。可想而知，这份工作对她来说是多么糟糕。

可是，野田圣子怎么也想不到，对于这份讨厌的工作，能让她改变自己的人生观。那是一天上午，在上班的时候，她看到一位年长的同事在做这份工作时非常认真，不但一遍又一遍地将一个个马桶擦拭得光洁如新，还居然在清洁完马桶后用杯子在里面盛了一杯子水，一饮而尽。野田圣子大吃一惊——她简直不敢相信这是真的。就在这时，她猛然醒悟：自己对这份工作的态度存在着严重问题，要想干好一份工作，自己的态度一定要端正。不然，自己根本无法在社会上肩负起责任。

有了思想上的转变之后，野田圣子不再抱怨自己的工作，而是像年长的同事那样每天都认认真真地去做厕所的清洁工作。她对自己说："就算这一辈子都洗厕所，也要当个洗厕所洗得最出色的人。"

就这样，面对这份工作，野田圣子不再烦恼，不再抱怨，因为她心里有一个坚定的信念，要一心一意地把它做好。

在训练期结束的那天，野田圣子清理完马桶后，为了证明自己清洁过的马桶干净得连里面的水都可以饮用，也在马桶里盛了满满的一杯子水，仰头喝了下去。可以说，这次经历为野田圣子打下了一个坚定的信念，成为促使她不畏艰难的精神力量的源泉，加快了她走向成功之路的步伐。

从上面的故事中，我们不难看出，一个人只有有了坚定的信念，才不会迷失自己，才使自己不至于在生活中迷茫，才能使自己的个性具有主动性和积极性。因为信念是一种催人奋进的力量，有信念的人绝不会埋怨自己际遇不佳，不会使自己坐以待毙，不会在牢骚中度过彷徨的人生。只要我们有了坚定的信念，无论处在多么险恶的逆境，都能激起追求的勇气，使自己历尽辛苦之后而达到理想之地，使我们产生执着的钻研精神，使我们不偏不倚走在正确的人生道路上，不管暴风雨多么的猛烈，不管会遇到多少挫折，它都可以使我们支撑下去，使我们走出人生的沼泽，在不幸的遭遇和贫苦的境地面前而坚持到底。

6. 自强不息，在绝望中寻找新生

没有经历过挫折的人，其人生是不完整也不完美的；没有品尝过失败的辛酸，也就体会不到真正成功时的喜悦。所以，我们绝望时不要号啕大哭，也不要灰心丧气；不因打击而倒下去，不因困难而倒退，绝望中寻找希望，人生终将辉煌。

人生苦短，岁月如梭，每个人一生都会遇到诸多不顺心和不如意，但是再多的难题、再多的不顺都不可怕，因为人生最大的失败莫过于一败涂地，没有挽回的余地，不能再起，从此埋天怨地、灰心丧气，一蹶不振、失败到底，就彻底没救了。所以，失败不可怕，可怕的是遇到失败之后的绝望与心死。

有句话说，世上没有绝望的处境，只有对处境绝望的人。谁的人生都不是一帆风顺的，人生注定要去承受很多痛苦和挑战，面对挫折与失败，如果我们能够微笑以对，自强不息，就能挣脱人生的困境。

没有经历过挫折的人，其人生是不完整也不完美的；没有品尝过失败的辛酸，也就体会不到真正成功时的喜悦。所以，我们绝望时不要号啕大哭，也不要灰心丧气；不因打击而倒下去，不因困难而倒退，绝望中寻找希望，人生终将辉煌。

英国有一个叫布拉格的物理学家，他小时候家里非常贫困。由于家里的经济条件实在太差，他在学校读书时常常穿得衣衫褴褛、破旧不堪。父母虽然都很疼爱他，却由于贫穷，连一双合适的鞋子都买不起。他只好经常穿一双与他的脚很不相称的破旧皮鞋——这双破旧不堪的皮鞋还是父亲的。

为了给布拉格节约一些学费，布拉格父亲将自己仅有的一双皮鞋送给了儿子，自己却常常赤着脚。为了鼓励儿子，使他勇于进取、不向贫困低头，布拉格父亲曾给正在学校读书的布拉格写信说："布拉格，我们家里连一双舒适的鞋都给你买不起……真抱歉！但愿再过一两年，我的那双皮鞋，你穿在脚上正合适……虽然我们家很贫穷，但我对你却抱着很大希望，相信你会有一个很好的前途！而你一旦有了成就，我将引以为荣，因为我儿子是穿着我的破皮鞋努力奋斗成功的……"

事实上，年幼的布拉格在读书的时候，从不曾因为贫穷而感觉自己低人一等，因为他父亲那封充满期望的信一直激励着他，使他不但没埋怨过家里人不能给他提供优越的生活条件，还感觉到胸中似乎有一股无形的力量在推着自己前进。当有人因为他穿的那双过大的皮鞋而嘲笑他时，他却觉得那双大得有点可笑的皮鞋就像黑暗中的灯火，照耀着他在崎岖的科学之路上前进。

于是，凭着不懈地追求与努力，布拉格终于在物理学方面取得了很大成就——那段贫穷的岁月就是他努力进取的动力。

挫折孕育成功，失败乃成功之母。在一生中，我们遇到挫折和困难是不可避免的，因为生活对于每个人来说都是公平的，任何事物的发展都不会是一帆风顺的。在困难面前，有的人选择逃避，有的人选择勇敢地面对，而如果选择逃避，则只能使困难重重，若选择面对，就终将把困难克服。一个人成功与否，关键是我们把失败当成绊脚石，还是垫脚石。当遇到困境时，我们能够泰然处之，就能在逆境中寻找幸福，在绝望中寻找希望。因为困境最能激发一个人的潜能，英雄往往就诞生在这样的时刻。

在 1997 年，泰国陷入了严重的经济危机，当时关闭了 56 家银行。在这场经济危机的严重打击之下，有一位基金经理一夜之间破产，损失惨重，还欠下了百万元巨债。但是，就在亲朋好友都认为他再也没有翻身机会时，他却没有被巨大的破产打倒——他告诉自己一定要振作起来、重新开始。

于是，他屈身到曼谷街头去做小生意，叫卖一种叫三明治的食品，完全放下自己曾经是金融家的架子，去体验一种拿得起、放得下的坚强胸怀。在他的鼓舞之下，竟然有一半部属还愿意跟随他，并帮助他在曼谷街头叫卖三明治。

于是，他和下属们共同努力、共渡难关，经常在曼谷两家大医院食堂里兜售。虽然靠卖三明治永远无法还清债务，但他们却可以因此说服债主重新订下偿还债务的条件——这样就使他有了重新发展的机会。

一段时期过后，严重的经济危机终于过去了。于是，这位基金经理与同事们又回到银行，重新做金融投资，并最终取得了可喜的成绩。

　　在生活中，我们每个人都会遇到各种各样的难题。而有些人对那些容易解决的事情愿意承担，遇到有些难度的事情就想打退堂鼓。这种心理是可以理解的，因为人都有趋利避害的畏难心理。但是，这种心态如果长期左右着我们的行动，很容易导致我们的一无所成。因为无论做什么事情都是有风险的，都存在着困难，都会遇到这样、那样的难题，认为自己这也做不了、那也做不了，就只能使自己成为陷入绝境的懦夫。所以，敢于承受挫折，敢于突破困难，反而会让我们的生命更加茁壮与饱满。如果我们能勇敢地渡过这险境，就会得到风平浪静，就会得到胜利的喜悦。遇到困难就逃避不是办法，也解决不了任何问题。我们只有努力地去迎接挑战，让自己去克服困难，才是生存的法则。因为一个人具备了突破困境的能力，就能在这个世界上做任何事情。

　　世上无难事，只要肯登攀。在走向成功的路上不可能一帆风顺，人的一生不可能不经历挫折，只有那些受到打击与挫折后，不灰心不丧气，仍然抬着头、继续前行的人，才经得起磨炼，才敢于在逆境之中披荆斩棘，才能掌握住逆势中的反向力量。因此，我们只有自强不息，学会与逆境干杯，从绝望中寻找希望，人生才能终将辉煌！

第五章
在困境来临之前，狠狠地逼自己一把

在追求梦想的道路上，我们不可避免会遇到些挫折，但并非一路上全部都是挫折。因此，我们要想实现自己的梦想，要想在挫折面前足够强大，我们必须要"先挫折一步"，在困境来临之前，主动狠狠地逼自己一把，让自己的潜能爆发出来，让自己强大起来。这样，无论后来有无挫折和困境，我们都朝着目标前进了一大步，我们都掌握了实现成功的先机。

1. 主动去努力，才能收获成功

在我们生活的周围，总有一批出类拔萃的人，他们总是与众不同——他们对自己严格要求，在生活中往往对自己"狠心"——在要求自己努力的同时，还要求自律自强；要求自己拼搏的同时，还要求自己精益求精。他们总是逼着自己去求知，逼着自己去进步，逼着自己优秀。而当他们将逼迫自己养成一种习惯时，生活就会给予他们最好的回馈——让他们成为收获了成功的优秀人士。

《世界上最伟大的推销员》一书出版后，很快就成为风靡全国的超级畅销励志书。其作者奥格·曼狄诺说："我不是为了失败才来到这个世界上的，我的血管里也没有失败的血液在流动。我不是牧人鞭打的羔羊，我是猛狮，我不想与羊群为伍。我不想听失意者的哭泣、抱怨者的牢骚，这是羊群中的瘟疫，我不能被它传染。失败者的屠宰场不是我命运的归宿，我要强大起来，我要成功。"

在激烈竞争的社会，生命就是一场与外界力量角逐的过程。在这个过程中，我们如果不够坚强、不够坚韧，不堪一击，那就只能被那些力量强大者一点一点地蚕食掉。所以，面对人生、面对未来，我们应该严格要求自己，学会对自己狠一点。

生于忧患，死于安乐，苦难的环境中很容易激发一个人的斗志，使人奋发图强，勇于奋斗，从绝望中寻找通往光明的前程；而一个人如果总是在安乐中生存，终日无所事事，他就会失去对外界的抵抗，渐渐地他的生存能力就会退化，其个性与体能也会越来越软弱，最后就会像"温水效应"中的青蛙一样死于温柔乡里。

被列宁称为是"无产阶级艺术家的最杰出的代表人物"的苏联大文豪高尔基，一生写出了许多不朽的作品，比如，《海燕》《鹰之歌》《母亲》《克里姆·萨姆金的一生》《童年》《人间》《我的大学》等。但是，这样一位举世闻名的作家，小时候却因为家庭贫穷而受尽苦难生活的折磨。

为了读书，高尔基受尽了屈辱。他说过："假如有人向我提议说：'你去广场上用棍棒打你一顿！'我想，就是这种条件，我也可以接受的。"不难看出，为了看书、为了学习、为了增长自己的文化知识，高尔基什么都能忍受，甚至甘愿忍受拷打。

高尔基出生在沙俄时代一个木匠家庭。因为家庭极为贫困，他几乎没吃过一顿像样的饭菜，更没有穿过一件像样的衣服。特别是在4岁的时候，他父亲就去世了，他母亲为了生计，将他寄养在外祖母家里。在10岁之前，他只读过两年小学。

刚到10岁，高尔基就开始到社会上去做苦工。那时候，他当过学徒，搬运工人、守夜人、面包师；再大一点的时候，他还几次去外地流浪。可以说，那些年，他没过过一天温饱舒适的日子。

他说自己 10 岁在鞋店当学徒工时，过的简直就是奴仆的日子。每天从早晨干到半夜，他要生炉子，擦地板，上街买东西，收拾杂乱物品，洗菜带孩子……但是，无论在任何情况下，他都十分喜欢读书。他说："我扑在书上，就像饥饿的人扑在面包上一样。"他要利用一切机会去学习。

在劳累一天之后，他用自制的小灯坚持读书。他常常扑在书上，如饥似渴地读着。没有钱买书，就到处借书读。但是，那时候老板娘却常常禁止高尔基读书，而且，一看到他的书，就将书撕得粉碎。因为读书，高尔基还挨过老板娘的毒打。

不过，无论在什么情况下，都阻挡不了高尔基读书的决心，因为他知道自己除了多读书，将别无出路。因此，无论多么糟糕的情况，高尔基都会逼着自己读书。就这样，通过不懈努力，高尔基学而有成，写了一部又一部的世界名著。

一个人习惯于现在，必将迷失于将来。高尔基如果习惯于当学徒时被奴役的日子，就永远不可能成为举世闻名的大作家。因为，在这个各方面竞争都日益残酷的社会，你不逼自己一把，生活就会逼得你走投无路。面对困境与人生磨难时，我们应该像高尔基那样不抱怨、不低头，狠下心来，让自己努力再努力，逼自己学会隐忍，学会韬晦，学会积蓄力量。事实上，人的潜能是无限的，人经受了挫折，在外界的压迫下，内在的能力反而会日渐成熟。因为不顺利的干扰和阻碍可以使人从实践中增加自己所缺少的能力与毅力，而紧张的生活与压力正有助于潜能的发挥，从而使我们绝处逢生。

有句话说："天将降大任于斯人也，必先苦其心志，劳其筋骨，饿其体肤，空乏其身，行拂乱其所为，所以动心忍性，增益其所不能。"一个人也只有经历住了艰辛的磨难和考验，才能成为有用的人；只有忍受了无穷的精神折磨，才能接受重大责任。小溪入海，它虽经历了九曲十八弯的流离颠簸却依然执着，因为它在追求生命的壮阔；大雁南归，即使要飞越千里穿过崇山峻岭也无所畏惧，因为它追求心中的温暖。所以，我们不要怕吃苦，不要怕受挫，不要因失败而颓废，不要总想着享受，不要总想着安逸，不要因失意而一蹶不振，在困境中去经历千辛万苦，去跨越万千个坎坷，去成就一番作为。

被称为"铁血宰相"的俾斯麦说："你若不肯把你的生命拿来冒险，你就不能希望赢得你的生命，我们的生命只能为我们的灵魂而存在。"在生活中，我们每个人的命运不管现在如何，将来的发展都紧紧地握在自己的手中。你现在如何对待自己，将来就会换回相应的回报。第一个敢吃螃蟹的人往往能成为第一个成功的人。我们要敢于挑战，敢于逼自己一把，因为我们只有攀登一个又一个高峰，才能成为世界顶尖人物。如果总是抱着侥幸的心理，任何时候都不想亏待自己，试图少做一些努力，而妄想多得些回报，妄想机遇有一天落到自己头上，那是痴人说梦，是永远都不可能的事。

在我们生活的周围，总有一批出类拔萃的人，他们总是与众不同——他们对自己严格要求，在生活中往往对自己"狠心"——在要求自己努力的同时，还要求自律自强；要求自己拼搏的同时，还要求自己精益求精。他们总是逼着自己去求知，逼着自己去进步，逼着自己优秀。而当他们将逼迫自己养成一种习惯时，生活就会给予他们最好的回馈——让他们成为收获了成功的优秀人士。

2. 世界告诉你，优秀是被逼出来的

　　一个人如果不逼自己一把，永远不知道自己有多优秀。生活在温室中的花朵，经不起任何的风吹雨打；娇生惯养的孩子，也往往不会取得大成就。作为芸芸众生中的一员，我们不经历风雨，又怎么能见到美丽的彩虹；我们不敢经受任何的失意困苦，又怎么会有"破釜沉舟"的决心，又怎么舍得逼迫自己去书写灿烂的人生呢？

　　有人说，伟大是熬出来的，优秀是逼出来的。一个人想要优秀，就必须敢于挑战；如果想获得成就，就得狠狠地逼自己一把。如果你舍不得逼自己一把，你永远都不知道自己有多优秀。想要成为翩翩的蝴蝶，就要有敢于破茧而出的勇气；要想成功，就得擦干心中的泪水。生于安乐，死于忧患。一个人的成长，必须通过几次深入生活的磨炼，才能让自己承受得起风风雨雨。只有能破釜沉舟的决心与意志，才能让自己成为驰骋草原的骏马。

有一个"破釜沉舟"逼自己成为优秀人物的动人小故事：

秦朝末年，秦军悍将章邯打败楚军后，又率军攻打赵军。赵军退守巨鹿，并被秦军重重包围。反秦形势严重恶化。赵王四处求救。楚怀王封宋义为上将军，项羽为副将，一起率军救援赵军，企图扭转反秦局势。

面对强大的秦军，宋义率军到安阳后，接连46天按兵不动。对此，项羽十分不满，要求进军，与秦军决战，解救赵军。但是，宋义希望秦赵两军交战后待秦军力竭之后才进攻。这看似高明之举，实为胆怯逃避。因为秦赵强弱差距悬殊，秦军灭掉赵军是早晚的事，而且灭掉赵军根本不会损伤多少兵力，甚至还会增强实力。

此时，军中粮草缺乏，怯懦的宋义仍旧饮酒自顾。项羽忍无可忍，进入营帐杀了宋义，并声称他叛国反楚。此后，项羽统率全军向秦军发起进攻。

项羽率军渡过黄河后，下令把所有的船只凿沉，将所有烧饭用的锅打破，将所有的营房烧掉，只带三天干粮，向秦军发起进攻——包括项羽在内的所有楚军将士，只能在死亡和胜利中选一个，没有任何的退路和逃生的机会。

就这样，主动将自己逼入绝境的项羽率领楚军，只有与秦军拼命抢夺生机一条道路了。他们迅速进军到巨鹿外围，并包围了秦军和截断秦军外联的通道。楚军将士个个拼命，以一当十，杀伐声惊天动地，战斗异常惨烈。经过九次激战，楚军最终大破秦军，打败了秦军悍将章邯、王离等人，逼迫秦军放下武器投降。

经此一役，秦朝的核心主力军队被击垮，天下反秦形势出现了逆转。秦朝在爆发起义后不到两年就灭亡了。

项羽率军破釜沉舟，与秦军拼命时，其他反秦诸侯派来增援军队却都因胆怯，不敢近前，作壁上观。以至战胜后，项羽于辕门接见各路诸侯时，各诸侯皆不敢正眼看项羽。此后几年，项羽凭着这一战成为天下的实际主宰。

置之死地而后生，项羽就是采用这一方法，一下子激发了楚军的潜力，一下子让自己的优秀照耀了整个天下，甚至数千年的历史长河。如果当时他没有"破釜沉舟"的决心，那么他是很难成就那种惊世功绩的，没有逼迫自己的思想，他是难以挑战当时那种残酷的形势的。

其实，生活中每一个正常的人，刚出生时的智商和情商都与他人差不多，在智能方面，大家几乎是处在同一水平线上的。可是，通过后来的成长与发展，为什么有的人非常地出色优秀，而有的人却平凡、平庸甚至非常落魄呢？其中的原因虽然有很多，但那些优秀而脱颖而出的人，不能说他们没有对自己进行过努力的逼迫与坚持到底的信念，才最终取得了优异的成就。而那些平庸的人，之所以平凡卑微，也不能不说他们总是习惯于安于现状、习惯安乐，面对困难，总是绕道而行，生怕自己受一点点苦和累，如此也就自然不会有优秀可言。所以，要想使自己尽快优秀，我们就要拿出自己的勇气和魄力来，在困境来临之前，主动地逼迫自己一把，这样不仅能激活自己的潜能，还能让自己尽快成为坚强与勇敢的人，具备创造奇迹的条件。

说起张海迪，可能大家都耳熟能详。她在 5 岁的时候就瘫痪，下身失去了行动能力。那时候，亲朋好友及所有认识她的人基本上都一致认为：这个可怜的女孩一生没什么希望了。

可是，在残酷的命运面前，张海迪没有屈服，小小年纪的她从这时便开始自己不同寻常的人生之路，她要向生活挑战！这时，她无法像正常的孩子那样去上学，于是她就自己在家里学习。

经过几年努力，她不但学习了课本上所有的课程知识，还自学多门外语文化。更为可贵的是，在学习之余，她还学习了一些针灸医术等。后来，她到农村生活时，不但给孩子当起了老师，还用自己的医术为乡亲们免费治病。

就这样，面对严峻的生活考验，她没有让自己沉沦丧气，而是沉下心来，逼自己发愤努力，一个人通过自学攻读了大学和硕士研究生的全部课程。之后，她又开始了文学创作。她先后出版了《向天空敞开的窗口》《生命的追问》《轮椅上的梦》等书籍，其中《生命的追问》出版后就获得全国"五个一工程"图书奖。

1983年，张海迪在《中国青年报》发表了《是颗流星，就要把光留给人间》一文，顿时，她誉满国内，同时获得了"当代保尔"和"八十年代新雷锋"两个荣誉。后来，她又被选为全国政协委员。这时，她对自己的人生充满了信心，觉得自己不但是一个正常的人，而且是一个优秀的人！

一个人如果不逼自己一把，永远不知道自己有多优秀。生活在温室中的花朵，经不起任何的风吹雨打；娇生惯养的孩子，也往往不会取得大成就。作为芸芸众生中的一员，我们不经历风雨，又怎么能见到美丽的彩虹；我们不敢经受任何的失意困苦，又怎么会有"破釜沉舟"的决心，又怎么舍得逼迫自己去书写灿烂的人生呢？因为，大凡人生，都是生于忧患，死于安乐。

3. 切勿放纵，学会珍惜自己

一个人如果不能很好地管理好自己，就不能进步，就不能克服遇到的困难；一个人如果总是抱着及时行乐的态度，游手好闲、不思进取，那必然会遭到人们的非议，他人也必然会怀疑你所存在的价值。所以，我们一定要把握好自己在任何场合下的自我角色，不要露出一副邋遢不堪或玩世不恭的样子。

有句话说："今朝有酒今朝醉，管它明日喜与忧。"这句带着洒脱与豪放味道的诗句，得到了很多年轻人的喜欢。常常有很多人觉得难得放松，应及时行乐，故而使自己的行为十分放纵，常常喝得酩酊大醉，不但还出言不逊，还会意乱情迷或酒后乱性，甚至还会长期留恋酒吧、"夜总会"等花天酒地、纸醉金迷的地方。而这种生活不但不能活出什么成就，还会毁了自己的一生。所以，一个有智慧的年轻人应该学会爱惜自己，学会珍惜自己的每一天，学会在心里保持着一份持重，才会在人生征途上不屈不挠，勇往直前。

有一个年轻人，活得十分郁闷。大学刚毕业那时，他满怀抱负，曾立志一定要干出一番事业来。可是，好几年过去了，他不但一事无成，还生活得穷困潦倒。因为他在生活中总是四处碰壁，找不到好工作，遇不上好机会，事事都不顺心，朋友们越来越瞧不起他，亲人们也越来越疏远他。他哀叹命运的不公，渐渐变得心灰意懒，整天无精打采地混日子，于是经常在酒吧、游戏厅以及"夜总会"等地方打发时光，过着醉生梦死的日子。

这时，他总觉得自己这辈子就这样了，再也不会有什么飞黄腾达的日子，过一天少三晌算了。于是，之前的雄心壮志早已抛到了九霄云外，每天都无所事事，极度地放纵着自己，大脑里昏昏沉沉的，天天都在糊里糊涂地浪费着自己宝贵的生命而不知醒悟。

有一天，他遇到了一位智者。智者问他为何一副如此邋遢的样子。他向智者诉说了自己的遭遇与内心的痛苦，最后还对智者说自己都这个样子了，还能怎么样，干脆破罐破摔算了。听了他的话，智者却不以为然，并且说他有这种想法真是大错特错，告诉他一定要学会珍惜自己，并送给他一块色彩斑斓的鹅卵石，告诉他明天清早带这块石头到城东的市场去卖，而且还要大声地吆喝。但是，不管别人出多少钱，都不能将鹅卵石卖掉。

第二天，年轻人照智者的话早早地带着鹅卵石来到了市场，并大声地叫卖。但是，他心里却想：这么一块普通的破石头儿，怎么会有人买呢？

不过，当他叫卖了一阵子之后，竟然有人走过来要买这块石头。

总有一天，所有人都会为你鼓掌

年轻人有点不敢相信。他问："您要买……买这块石头做什么呢？"

"我正好需要一块石头，这块石头 10 元钱你卖给我吧？"对方说。

没想到这一块石头竟值 10 块钱，年轻人想，真是太不可思议了。这时，他想到智者说过给多少钱都不卖的，就摇着头说："不卖，太便宜了。"

对方见他嫌钱少，就又给他加了 5 元，可他还是不卖，对方又给他加了 10 块，他还是说不卖。对方就有点急了。这时引来不少人的观看。于是，两个人的讨价还价使市场变得沸腾起来。大家议论纷纷，都在猜想这块石头的价值，很多人觉得它大有来头而价值不菲。于是，大家便争相地出高价，最后居然有人要出 1 万元买这块鹅卵石。但是，年轻人还是两个字："不卖！"

事后，见到智者，年轻人非常激动地讲述自己卖石头的经历。他说："一块普通的石头，竟然值这么多钱，真是不可思议！"

智者笑着说："世上的任何东西都是无价之宝。其实，你的价值也犹如这块石头，你认为它一文不值，它就一文不值，你认为它无比珍贵，它就无比珍贵。所以，你一定要珍惜自己，相信自己是一块无价之宝，才能让自己的生命越活越有价值！"

人没有虚无的来生，生命只有一次。所以，我们要学会喜欢自己，珍惜自己，才能发现自己身上的亮点，别人也才不会唾弃你。如果总以为我们还有若干明天，什么事都一拖再拖，做什么都不知道努力、上进，或是不断地放纵自己，甚至自暴自弃，无所事事，抱着今朝有酒今朝醉的想法才是世上最不幸的人。

要知道，一个人如果一味地放纵自己，不修边幅，不知检点，即使是在一些非常轻松随意或是低俗的场合，也同样会遭到他人的厌弃。我们一定要清楚，放松并不等于放纵。我们只有自己爱护自己，自己珍惜自己，别人才能看到我们身上所存在的价值。就像上面那块普通的鹅卵石一样，当你把自己当宝石一样珍惜时，别人才能看到你存在的可贵。

每个来到这个世上的人都是独一无二的。我们每一个人身上都蕴藏着非常神奇的力量，因为上帝造人时已赋予每个人与众不同的特质，所以我们应该珍惜自己，不自弃自馁，只有充分发掘生命的潜能。一个人如果不能很好地管理好自己，就不能进步，就不能克服遇到的困难；一个人如果总是抱着及时行乐的态度，游手好闲、不思进取，那必然会遭到人们的非议，他人也必然会怀疑你所存在的价值。所以，我们一定要把握好自己在任何场合下的自我角色，不要露出一副邋遢不堪或玩世不恭的样子。

在生活中，我们每个人都是不完美的。盘古氏开天辟地时就没有想到会出现天漏，而要女娲去炼石补天，所以，我们也往往会在不经意间而暴露自己诸多的缺点。比如，自己将某些事情弄得非常糟糕，自己对工作眼高手低，自己给人留下笑柄等，遇到这种种情况时，一些人往往就会变得自卑自弃，当无法改变时，往往会作践自己，从而无度放纵，不知道珍惜自己。殊不知，任何人都有不足和疏漏的地方，我们没有必要妄自菲薄，所以我们所需要的不是自谦自怜，更不是自暴自弃，而是好好地善待自己，珍惜自己，努力发掘自己的潜能，来实现自己的人生目标。

4. 安于现状是浪费生命，敢于创新是追求重生

每个人都没有注定的命数，你到底能有多大的发展，就看你有没有决心创造奇迹，敢不敢于寻求涅槃重生。即使你到达了一定的高度，也没有谁可以说你不能再前进了，因为人生的顶峰没有上限，生命的意义贵在"折腾"，偶尔泛起微波未尝不是美好，风平浪静也往往蕴藏着灾难。

俄国著名作家陀思妥耶夫斯基曾说："千篇一律就等于毁灭。"凡事都千篇一律，不思改变，不知创新，是没有发展的，也是没有长进的。人有这种安于现状的心态，一旦成为习惯，就会不愿改变，不求进取，从而听天由命、庸碌无为。所以，安于现状是一种消极的心态，比如，"只要过得去，就不必想太多""我不敢冒险，喜欢平静的生活""只要能安稳地过一辈子就行了"。

"要维持现状"的念头往往没有一点积极向前的动力，与其说这

是一种安稳单调的生活，不如说是一种失败的人生态度。安于现状虽然安稳，但它带来的现象总是死气沉沉，总是一种"守旧"的姿态，有些人对现状心满意足，一心一意想要继续维持下去。这样，成长便会停顿，没有任何的惊喜与发展。前人的脚印很好寻，可那不能成为自己的。这个世界更新速度总是太快，当现实被一次次刷新的时候，人生只有不满足于现在的自己，只有不断突破进取，不断地超越自己，才能创造一个更美好的人生。

中国著名作曲家、指挥家谭盾从小就喜欢拉小提琴。为了加强自己的琴艺修养，年轻时，他到美国去深造。但为了维持生活，他只能到街头去卖艺——靠拉小提琴赚钱养活自己。为了能多赚点钱，就必须得找一个人流量大的好地段，因为地段差的地方常常赚不到钱。不过，好地段总是有很多人在抢夺，就像在街头摆地摊一样，人人都想占个好摊位。

人生地不熟的谭盾有幸认识了一位黑人琴手，两人相互帮助，终于在一家商业银行的门口占据了一个位置。由于这里不但天天人很多，而且来银行还大多都是有钱人，所以一段时间之后，谭盾赚到了不少钱，够他维持一段生活了。于是，他想去一些有名的音乐学府里拜师学艺，以提高自己——他就和一起卖艺的黑人琴手道别了。

之后，他进入美国的音乐大学进修。在大学里，他将自己全部的时间和精力，都心无旁骛地投入到了音乐之中。为了提高自己的音乐素养和琴艺，谭盾不但拜一些琴艺高的音乐大师为师，还经常与一些技艺高超的同学相互切磋……

这样经过多年的努力，谭盾的琴艺越来越高，经常被邀请到一些著名的音乐厅中表演。随着知名度的不断提高，10年之后，谭盾就成了一位国际知名的音乐家。

一天，谭盾偶然路过自己曾经卖艺的那家商业银行门前，突然发现那位黑人琴手仍在当初的"老地方"拉琴卖艺。谭盾向前与这位昔日的老友打招呼。对方看到他非常高兴，便说："兄弟，多年不见，你现在在哪块好地方赚钱呢？"谭盾便说了一个很有名的音乐厅的名字，但没想到对方却不知晓这家著名的音乐厅，反而问他："你在这家音乐厅的门前卖艺怎么样？有这儿赚的钱多吗？"

听了对方的问话，谭盾一时不知该怎么回答。因为对方10年都没有离开过这个地方，只知道在这里拉琴卖艺，却不知道谭盾在这10年里已经去很多著名的音乐厅演出了，更不知道他已经成为国际知名的音乐家，早就不在街头拉琴卖艺了。

世界上的人各种各样，就人生来说，不乏失败者与成功者。失败的人有失败的原因，成功的人有成功的因素。但对成功者来说，只有不满足于现在的自己，不安于现状，不局限一时的安稳，时时要求更好，时时要求自己进步，不断寻求下一个突破口，敢于突破前人脚印的束缚，敢于踏出自己的脚步等，这一连串的因果效应才能为成功打下一定的基础。就像上文中的音乐家谭盾一样，勇敢地迈出求知的第一步，在艺术的道路上努力地超越自己，不断进取创新，才能获得更大的发展，如果他也像那位黑人琴手那样整天安于在一个固定的地方拉琴赚钱，那他也只能永远是一个街头卖艺的，永远也不可能成为国际知名的音乐家。我们只有活在当下、面向未来，突破现在，敢于创新，才能期待成功的出现，人生也才能更精彩。

在 20 世纪 70 年代末时，日本有一个赫赫有名的商人——安田隆夫。在 2002 年时，他公司的营业额达到了 48 亿日元。而他的商业成功神话就得益于他的创新经营方式。

其实，在年轻的时候，安田隆夫只是开了间毫不起眼的小杂货店。由于没有什么特色，小店里的生意非常一般。平时，他总是与其他店铺一样，一到晚上 10 点钟就都关门不做生意了。有一天晚上 10 点时，他正忙着清理货架、准备关门。这时，忽然走进几个买东西的人，安田隆夫很热情地接待了他们。

这几个人走后，安田隆夫又在店里多待了一会儿，心想还会不会有顾客上门呢？结果，一会儿，又有几个人进来买东西。安田隆夫又赶紧热情地接待。就这样，他的店铺比平时晚关门一个小时，竟然多做了几笔生意。

从此以后，安田隆夫改变了店铺的经营时间，决定每天营业到 11 点才关店门。就这样，由于他的杂货店比其他店的营业时间延长 1 个小时，于是，他的店就成为附近人们深夜购物的首选地点，再加上他热情的接待方式，很多人都喜欢到他的店里来购物。此后仅仅一年时间，他小店的营业总额就达到了 2 亿日元。于是，他就趁机发展，赶紧扩大了营业规模，渐渐地，生意越做越大，最后成就了"安田隆夫"商业神话。

可以说，安田隆夫的成功非常简单，就因为他每天多营业了 1 个小时。但是，这 1 个小时却为他创下了财富奇迹，因为这 1 个小时是他打破陈规的创新，是他突破现状的发展。不难看出，奇迹的产生并不困难，只要不肯安于现状，只要敢于求新求异，就能创造出辉煌。

总有一天，所有人都会为你鼓掌

世界上最容易的事情，莫过于踩着别人的脚印走别人的老路。这样无惊无险、悠然自得，天天做的事情像钟摆一样简单，像机械一样重复着同样的过程，每天在浑浑噩噩中虚度美好的人生岁月。殊不知，这种波澜不惊的生活态度往往比堕落更为可怕。因为生活舒适人就会不再追求，习惯了现状就不思突破。如果再就此行乐于当下，便会就此沉溺，每天固于三点一线，重复着又一个白天和黑夜，从而主动地将自己归于平淡与平庸，内心惶恐地等待着人生的终老。那么，这样的人生就真的是白活一场了。

科鲁兹说："你是你梦想路上的唯一高墙，越过去，全世界都能看到你的光亮。"我们可以一次次去撞南墙，我们却不能习惯安于现状。要知道，突破与创新是险峻高山上的无限风光，请勇于挣脱出"现状"，请敢于攀登创新的高峰，请走向内心的挑战吧！虽然这需要无限的勇气，但也比蜗居在井底的青蛙生活得更自由与朝气。因为坐在金字塔顶的人虽然不一定是天才，但他们一定是勇士。

其实，每个人都没有注定的命数，你到底能有多大的发展，就看你有没有决心创造奇迹，敢不敢于寻求涅槃重生。即使你到达了一定的高度，也没有谁可以说你不能再前进了，因为人生的顶峰没有上限，生命的意义贵在"折腾"，偶尔泛起微波未尝不是美好，风平浪静也往往蕴藏着灾难。因此，只要你能主动地、积极地去进取，就可以策马奔腾，对酒当歌，逍遥生活。

第六章
对逆境笑一笑，继续向着梦想奔跑

我们会习惯性认为，逆境是让人心烦的，是令人讨厌的。遇到逆境时，我们会心慌，会着急，甚至会感叹命运不好。这些其实都是负能量，不利于我们解决困难，走出逆境"事实上，我们完全可以换一个角度来看待逆境，即使逆境是人生道路上不可避免的，那何不微笑着面对它，笑着走出逆境，朝着自己的目标奔去呢？

1. 境遇对你不公时，你必须将自己当宝

不管在别人的眼里我们是幸运的还是不幸的，不管在生活中我们是快乐的还是不快乐，不管我们的社会对我们公平还是不公平，我们都要相信自己，都要珍惜自己，学会展露自己最美好的一面，相信自己是最棒的，我们就会成为一道最靓丽的风景。因为我们只有相信自己是优秀的，才能在别人的眼里读到赞许的目光。

古罗马著名的讽刺诗人尤维纳利斯说："那些在生活经历中学会了忍受痛苦，而不为痛苦所折服的人才是幸福的。"谁的人生能一直充满幸福而没有一丝痛苦呢？而那些不被痛苦所折磨，且能化痛苦为快乐的人，才是世上最幸福的人。不管在别人的眼里我们是幸运的还是不幸的，不管在生活中我们是快乐的还是不快乐，不管我们的社会对我们公平还是不公平，我们都要相信自己，都要珍惜自己，学会展露自己最美好的一面，相信自己是最棒的，我们就会成为一道最靓丽

的风景。因为我们只有相信自己是优秀的，才能在别人的眼里读到赞许的目光。所以，我们没必要一味地褒扬别人，更没有必要一味地贬低自己，越是糟糕的境遇，越要将自己当宝，才能尽快走出人生的沼泽。

世界第一大石油公司——美孚石油公司的董事长贝里奇，在1947年时曾到开普敦巡视工作。

在巡视的时候，他发现了一个很有趣的现象，一个黑人小伙子经常在卫生间里擦拭地板，但每当他擦完一块地板后，就会闭上眼睛，非常虔诚地对着上天磕一次头。这个举动令贝里奇觉得很奇怪，就问小伙子为何这样做。

小伙子说：“我在感谢上帝呢，他帮我找到了这份工作，使我不再流落街头。”贝里奇听了，觉得小伙子非常有趣，就笑着对他说："我也遇到过一位天神，而且他的神通广大无边。你看，他使我成为美孚石油公司的董事长。你有什么心愿需要求他吗？如果有，你可以去拜访他。"

"我当然有心愿了。你知道吗，我从小被锡克教会收养，是一个没有亲人的孤儿，我很想报答锡克教会的养育之恩。所以，我很愿意去拜访您的天神，好让他帮我实现心愿。"

"据我所知，有一位天神常年居住在南非一座叫大温特胡克的山上，20年前我就曾经去过这座山，并且遇到了这位天神。他不但能够为人指点迷津，还能够帮人拥有锦绣前程。如果你愿意，就自己上这座山去找他吧！我可以给你的上司说明情况，让他给你一个月的时间。不过，你一定要准时回来。"贝里奇说。

"好的，那真是太感谢您啦！"小伙子说。

之后，黑人小伙子就向着南非出发了。

一路上，他风餐露宿、马不停蹄，经历了千辛万苦，用了大半个月时间，终于登上了大温特胡克山。不过，登上山之后，他感到非常失望，因为整个山上除了一层皑皑的白雪，什么都没有。他踏着积雪、不畏严寒，在山上整整转悠了一天，却丝毫没见到"天神"的踪影，整个山上除了他自己，没有一个人。于是，他只好悻悻而归。

一个月之后，他准时回来了，一见贝里奇，就抱怨说："董事长先生，您是不是在骗我呢？我将整个大温特胡克山都找遍了，上面什么都没有，除了我自己还是我自己，哪里有您说的天神？"

"你说得对，小伙子。这个世界上除了你自己，没有任何人能成为你的天神！"贝里奇笑着说。

"啊？哦，嗯。"这时小伙子似乎明白了什么。

生活中我们每个人都是一个跳动的音符，都可以演奏一支独特的乐曲。我们没有必要在乎别人的眼光，不管自己所奏的乐曲是悦耳动听，还是索然无味，我们都完全可以将所有的一切都置之一笑，生活得快乐不快乐，关键只是我们自己对待自己人生的态度。

就像上文中的黑人小伙子，当他真正发现自己，意识到只有自己才可以帮助自己的那一天，才是他遇到天神的时候。我们每个人都会经历人生的低谷，当身处逆境或挫败时，很多人都会企盼"天神"能出现，从而帮自己早些脱离苦海。然而，残酷的事实却是，天神虽然伟大，他却不愿意事事躬亲，而喜欢考验人的意志力，更喜欢帮助那些勇于自我拯救的人，有话说"自助者天助"或许就是这个道理吧！

总有一天，所有人都会为你鼓掌

所以，我们只有努力成为自己人生中的"天神"，才能拯救自己于水火炼狱。唯有丢掉那些不切实际的幻想，不要一味地等待别人的施舍和帮助，学会将自己当成自己的救世主，学会自己将自己当宝贝，你才不会输给任何人，任何的困难与险境也都压不倒你。只要我们不懈地去奋斗，就最终能成为一个收获者。

奥普拉·温弗瑞是美国著名的"脱口秀"节目主持人。他曾 8 次获得电视艾美奖。不仅如此，她在美国出版界也很有名，推出的"读书俱乐部"节目赢得很多人的支持，因为凡是她推荐的书，销量都会成倍攀升。可是，在奥普拉辉煌的背后，谁都想不到隐藏着一部苦涩、艰辛的奋斗史。

原来，奥普拉·温弗瑞是一个私生女。在她幼小的时候，母亲因不堪忍受贫困的生活离她而去。父亲则从她出生时起就长年在外服兵役。当时，幼儿的她就只能由年迈的祖母照看。就这样，奥普拉·温弗瑞的童年生活在一个穷苦的农场里——这里不但落后、愚昧，而且鱼龙混杂，什么样的人都有。

在这样的生活环境里，她在 9 岁那年就失身了，到 14 岁时又未婚先孕，而且连孩子的父亲是谁都不知道，并且孩子出生后就死了。对一个未成年的小女孩来说，这件事情是无法承受的。她渐渐地失去了生活的方向，陷入了堕落的深渊，变得自暴自弃，吸毒、犯罪，失去理智与人生的希望。幸好这时，她父亲突然回来了，并将她带走。这才使她的人生有了巨大转折。

奥普拉·温弗瑞没想到自己的父亲竟然是个和善而善于教育孩子的人。父亲不但帮助她忘记了过去的种种不幸，还告诉她一定要珍惜自己的价值，还为她制定了一个正确的人生目标和行为规则。奥普拉的内心被父亲的爱和鼓励唤醒，开始洗心革面，彻底地改变自己。

经过努力，她进入一所州立大学读书，在那里修演讲和戏剧。由于刻苦努力，在大一那年，她就凭着出色的口才获得了"黑人小姐"的桂冠。大学还没毕业，奥普拉·温弗瑞又成为巴尔的摩电视台最年轻的新闻播报员。在这个节目中，由于她的表现很出色，巴尔的摩电视台的脱口秀节目"芝加哥早晨"又聘用她为主持人。没想到在这个岗位上，奥普拉的事业一飞冲天，在很短时间内，她主持的节目的收视率便急剧上升。仅3个月时间，她便成为最受观众喜爱的脱口秀主持人——人气远远超越了芝加哥名嘴菲尔·当纳。

从此以后，奥普拉的事业逐渐走上人生的巅峰。到1998年时，她当选为美国最受推崇的女人之一。这时候，她所主演的电影、创办娱乐制片公司、进军出版业，获得了巨大成功。到了2003年时，奥普拉成为首位进入福布斯排行榜的黑人女富豪，其资产达10亿美元之多。

从此，她成为"改变了世界的黑人妇女"中最有名的一位女性，在社会上拥有巨大的影响力。

生活中有好多人因为对自己没有信心而惧怕困难，放弃很多成功的机会。其实，不管我们是优秀，还是糟糕，都不要气馁、不要自卑，只有坚信而乐观地去追求，才能拥抱美好的未来。其实，我们每个人都在社会的夹缝中求生存，谁也不可能一下子就风光无限。所以，一个有智慧的人不要隐匿于云海，从而将自己优秀的一面掩藏起来；我们也不需要去敬畏那些名山大川，因为我们自己就是世上一道独一无二的风景。在遇到困难时，我们不要将拯救自己的希望寄托到其他人身上，要相信自己是最棒的；失意的时候不要让自己一个人待在偏僻的角落，要敢于将自己优秀的一面展示出来，把事情做到最好。不管我们是一个立下丰功伟绩的人，还是一个默默无闻的人，我们都没有必要作践自己、崇拜他人。

他人并不能决定我们什么，只有我们自己才能决定自己的将来。越是遇到凄风苦雨、坎坷的境地，我们一定要学会珍惜自己，面对诸多磨砺，不应畏惧困难，不管遇到多大的阻碍，都不要轻言放弃。只要有自救的觉悟，只要能下定决心，学会自己拯救自己，就可以藐视一切困难，从而使自己成为巍巍山峦中最俊秀的一石。

2. 再苦也要笑一笑，自己的命运自己主宰

一个人只有有足够的勇气，才能紧紧掌握自己的命运，才能在关键时刻成为自己人生的掌舵者！人生的道路是靠自己走出来的，坚强而自信的人，即便前途一片坎坷，也不会向命运妥协。因为他们知道在困难面前，唯有自己的双手能创造出奇迹，只有自己能帮自己除去周围的人对你设置的一切障碍，使自己走向平坦的大道。

能够掌握自己的人生，是每一个人的心愿。《鲁滨孙漂流记》中说："我决不安于上帝和自然为自己安排的位置。"鲁滨孙顽强不屈与恶劣环境作斗争，最终掌握了自己的命运。但是，在现实生活中，大部分人极易受到周围环境的影响，其命运通常都是由别人和外物所控制。如此，人生被他人牵制，要主宰自己的命运谈何容易。

因为主宰自己的命运不但需要莫大的勇气，还要具备充分的能力与自信。有很大一部分人不想付出辛苦的代价，早早地放弃了自己的

总有一天，所有人都会为你鼓掌

努力，从而失去自己对命运的掌控，他们在自怨自艾中便沦为命运的奴隶。

有一个年轻人，一生的梦想就是周游世界。于是，他放弃了舒适的家庭生活，决心做一个勇敢而快乐的旅行者。

有一天，他行走到一个大草原上，正欣赏一望无际的碧绿美景时，他突然被一只野狼发现了。看到野狼那两只散发凶光的绿眼睛，他赶紧逃走，但这只野狼却在他身后猛烈地追赶。

为了逃生，年轻的旅行者只好躲在一口无水的井中，然而，正当他准备从井壁滑下井底时，又突然看见井底有一条蟒蛇，正朝他张着血盆大口。这该怎么办呢？爬出井口会被野狼吃掉，跳入井底会被蟒蛇吞噬……

不过，就在他进退无路的时候，他看到井壁的缝里生长着一些灌木枝条。他便伸手紧紧地抓住了枝条。

这样，不知过了多长时间，他感到自己的右手越来越无力。于是，他觉得危险越来越向自己逼近，虽然他不知道自己还能坚持多久，但他仍然抓紧枝条死死不放。

然而，这时更不幸的事情又发生了。因为忽然又过来两只棕色的大老鼠，用它们那尖尖的嘴巴在灌木枝条旁疯狂地打洞。随着井壁泥土的剥落，他所抓握的那丛灌木开始摇摇欲坠，使他随时都有坠入井底的危险。

不料，就在这时，井底的蟒蛇突然从井底蹿起来。原来，老鼠在井壁上打洞的泥土溅了蟒蛇一身，使它非常不爽，于是它就蹿起来准备捕捉井壁上的老鼠。它庞大的身躯竟然将年轻旅行者给"砰"地一下，撞到了井口外。守在井口的野狼被这突如其来的情况吓蒙了，惊得赶紧逃窜了。

这下，年轻的旅行者又安全了。他从地上爬起来，拍拍身上的泥土，又继续赶路。

亨利·福特说："我是命运的主宰，我是灵魂的舵手。"一个人只有有足够的勇气，才能紧紧掌握自己的命运，才能在关键时刻成为自己人生的掌舵者！人生的道路是靠自己走出来的，坚强而自信的人，即便前途一片坎坷，也不会向命运妥协。因为他们知道在困难面前，唯有自己的双手能创造出奇迹，只有自己能帮自己除去周围的人对你设置的一切障碍，使自己走向平坦的大道。

一个人如果缺乏安全感与勇气，不能独立思考，不敢依靠自己，就会成为一个丧失自我的人。然而，当你一旦放弃了自己掌控命运的权利，最终就会成为生活的失败者，因为懦弱的人在困难面前往往只能束手待毙。所以，我们认真地过当下的生活吧，学会掌控自己的命运，再苦再难也要笑一笑，学会不骄不躁地向着自己的目标前行。只有这样坚持下去，当你有一天不经意地转过身来，就会发现那个走得最远的人就是自己。

由于两国长期不和，亚瑟国的国王被比自己强大的邻国抓获了。年轻的亚瑟王以为这下自己必死无疑，心想人生早晚都有一死，也没什么好可悲的，也没有表现出过多的悲哀与愤怒，反而表现得从容乐观。没想到，他的态度打动了邻国国王，没有被立即处死。只是，邻国国王要求他回答一个难题："女人真正需要的是什么？"如果回答满意就可以获得自由；如果回答不出来仍然必死无疑，时间以一年为限。

亚瑟王回到自己的国家之后，每天都在想这个问题的答案，但不管他怎么思考，就是想不出来正确答案是什么。除了吃饭睡觉，他几乎所有时间都在想这个问题。

可是，一转眼半年的时间过去了，亚瑟王几乎问遍了国内所有人，都没有得到正确的答案。怎么办呢？亚瑟王心急如焚。

一位年近百岁的老人告诉他，在一个很远的森林里，有一个博学的老女巫，她可能知道这个答案。没有别的办法，亚瑟王只好前去森林寻找女巫。他历尽重重磨难与千山万水，终于在一个大山脚下找到了这片森林。然后，他又在森林深处寻找了三天三夜，最终在一个小木屋里找到了博学的女巫。

在亚瑟王一再请求之下，女巫终于答应回答他的问题，但却向他提出了一个条件：她要和亚瑟王的圆桌武士之一，他最亲近的朋友加温结婚。听了女巫的条件，亚瑟王惊骇极了。因为这个女巫长得实在太丑陋了——她不但弓腰驼背，满脸皱纹，一头毛草般蓬乱的头发，而且牙齿都掉光了，口水涟涟地流到胸前，真是奇丑无比。

亚瑟王实在不愿意让这样的女人嫁给自己的好朋友，但加温得知消息后同意了。女巫见加温同意与自己结婚，非常高兴，就告诉亚瑟王：邻国国王所提问题的答案是"女人真正想要的是主宰自己的命运"。

当亚瑟王将这句话告诉邻国国王后，邻国国王感觉女巫说出了一个真理，就答应给亚瑟王永久的自由。

加温就要和女巫举行婚礼了，举国同庆，婚礼非常隆重。可是，女巫却表现得很不好——虽然她穿着漂亮的结婚礼服，却洋相百出，不但打嗝、挤眼、伸舌头、放屁，而且吃饭时还用手抓，所有行为都粗鲁不堪。这令加温在国人面前颜面扫地，但他却表现得满面春光，很有风度。

到了晚上，要入洞房了，很多人都为加温捏一把汗，认为他不会真的与女巫入洞房。然而，加温虽然心里惊慌，但他还是坚强地走进了新房。没想到，眼前的情景却让他惊呆了：洞房的婚床上端坐着一位他从没见过的美丽少女。

他吃惊地问："你是谁？"

"我是你的妻子呀，就是白天的女巫。"美丽少女说。

"你……你怎么突然变了呢？"加温问。

"我之所以成为现在的样子，是因为你不嫌弃我丑陋，我才想对你好一些。一般来说，在一天的时间里，有一半的时间我是女巫的样子，而另一半的时间我是现在的样子。你想要我哪一面出现在你面前呢？"美丽少女说。

这时，加温想：这是一个多么残酷的问题啊，如果在夜晚与一个美丽女人共度良宵，那白天就得向国人展现一个丑陋的妻子；如果白天向国人展示一个美丽的妻子，那么夜晚他将面对那个又老又丑的女巫。怎么办呢？

加温思考了一下，说："既然你说'女人最想要的是主宰自己的命运'，那么，这事你自己决定吧！不论如何你都是我的妻子。"

"真的吗？那我就决定无论白天与夜晚，都做美丽的女人吧！"女巫说。

就这样，加温拥有了一个绝世美丽的妻子。

总有一天，所有人都会为你鼓掌

一位大师说过："你要做的，就是比你想得更疯狂些。只要你相信自己，去做了，就没有不可能。"命运取决于我们自己的态度，这是不变的法则。不论事情的发展如何，是成功还是失败，我们都应当胸怀大志，对他人慷慨、仁慈与包容。就像上文中，丑陋的女巫之所以变得美丽起来，就是因为加温的仁慈与包容，他不顾自己的内心有多痛苦，而充分地相信自己，将命运的权利交给女巫自己去主宰，才使她的人生得到美丽升华，变成了一个美貌的女人，而他自己也拥有了一个智慧与漂亮的妻子。有时候，命运就是这样奇怪，笑到最后的不一定是最强的，但一定是最坚强的，生活总是在一轮又一轮的竞赛中将那些懦弱者淘掉，而让那些敢于坚持的人笑到最后。

3. 不要怀疑自己的能力，坚持到最后一分钟你就赢了

　　不管面对什么样的困难，都绝不能半途而废，要相信自己的能力一定可以将困难克服。是否拥有自信是每一个人能否充分发挥自己能力的前提，不屈不挠的精神，是对自己勇气和毅力的严峻考验，只要能挺得过去，就有可能取得最后的成功。

　　有句话说："世上无难事，只要肯攀登。"只要不断努力地去做，就没有什么事是做不了的。要想成功，就要"作之不止"，坚持到底，绝不能半途而废，才有成功的可能。可是在现实生活中，我们常常会有"为山九仞，功亏一篑"的遗憾。而这种情况的发生就是缘于我们不够坚韧，做事不能坚持到底，在紧要关头放弃了努力，眼看着成功就在眼前，却由于我们不相信自己的能力，而使成功与我们擦肩而过。因此，越是在最困难的时候，我们越要咬紧牙关坚持下去，只要坚持到最后一分钟，才能取得最终的胜利。

在一次剑桥大学举行的演讲上，一个叫汤姆的美国拳击冠军，讲述了自己的成功经历。

他说，在 18 岁那年，他参加了一场非常激烈的比赛，但那时他完全没想到自己会获胜，因为那时他的身高只有 159 厘米，而对方却身高 179 厘米，对手已经 30 岁了。不仅如此，这一位身材魁梧的黑人拳击手曾令很多对手闻风丧胆，因为他曾连续三年蝉联俄亥俄州的拳击冠军。无疑这是个实力非常强的对手，并且最擅长的是左勾拳。当主持人宣布他入场的时候，全场观众都为他响起了热烈的掌声。在大家看来，这无疑是一场实力对比悬殊的比赛，而这个选手也会必然赢得这场比赛。

果然，比赛刚开始的时候，老练的黑人选手将刚刚走上拳击赛场的汤姆打得节节败退。在对手强势的拳头中，年轻的汤姆浑身是血，只能一步步倒退，毫无招架之力。虽然他连连躲闪，但牙齿还是被对方打掉了半颗。直到中场休息的时间到了，他才得以全身而退。整个上半场，他都没有找到向对方还手的机会，只有挨打的份儿。而且，几乎所有观众都在为对方叫好。然而，谁也没有想到就在这种情况之下，身材矮小而又年轻的汤姆在最后竟然打破了这位黑人拳击选手的蝉联冠军梦。

中场休息的时候，汤姆开始怀疑自己的能力。他毫无自信地跟自己的教练吉比说："我感觉这场比赛的大局已定，因为与这位不可一世的黑人选手相比，我简直就是鸡蛋碰石头。所以，我想退出比赛，不想再比下去了。"

"不，汤姆，你不要退缩，我看你能行的。你不要害怕受伤，更不要怀疑自己的能力，你一定要相信自己平时的实力。只要你能够坚持到最后，你就一定会是胜利者。"吉比教练说。

听到教练的话，汤姆心里又鼓起了信心，重新精神抖擞地回到赛场上。下半场比赛开始后，情形还跟上一场差不多，黑人选手的拳头不停地落在汤姆身上，像下冰雹似的"砰、砰"作响。汤姆仍然没有还击的机会，甚至一度连招架的能力都没有。不过，此时汤姆的心里却非常沉着，他任由对方有力的拳头打落在自己身上也不躲避，汗水和血流满了全身——他已经被对手打得遍体鳞伤。这时，他觉得灵魂似乎已经脱离了自己的身体，但他仍然咬紧牙关硬挺着，因为他心中有一个信念："只要能够坚持到最后！"

凭借着坚强的意志，汤姆硬是没有倒下。时间一分一秒地过去了，渐渐地，实力强大的黑人对手体力有所不支，开始变得疲惫。这时，顽强的汤姆终于等到了反击机会。他开始真正地与对方搏击，一拳又一拳地击向对手。

在决胜局中，强大的黑人选手越来越处于下风，尤其是汤姆的坚持不懈使他产生了畏惧心理。到最后，他反而被汤姆打得无力还击。虽然这时汤姆已精疲力竭，眼前出现了许多模糊的身影，但他告诉自己："一定要坚持到底！"虽然这时他觉得自己已经是眼花缭乱，但他想中间那个不动的身影一定就是他的对手。于是，他就拼尽全身的力气，对准中间那个身影一阵猛击……

随后，裁判举起了汤姆的手，宣布他就是今天的冠军。这时，汤姆才发现对手早已倒在赛场上，再也爬不起来了！他这才真的相信自己胜利了！

一位著名作家所说："只要一个人相信自己具备足够的能力，就一定能够成为成功者。"遇到事情胆怯、退缩不相信自己实力的人，是不会取得成功的。柏拉图说："成功的唯一秘诀，就是坚持到最后一分钟。"不管是什么事都应坚持到最后，如果做到一半时停下来不做了或在不知不觉中转移了注意力，其结果就只会像画饼充饥一样，永远达不到成功的目的。所以，不管面对什么样的困难，都绝不能半途而废，要相信自己的能力一定可以将困难克服。是否拥有自信是每一个人能否充分发挥自己能力的前提，不屈不挠的精神，是对自己勇气和毅力的严峻考验，只要能挺得过去，就有可能取得最后的成功。

在英国，有一个土豪级的农场主。在巡视自己的谷仓时，他不小心将一只金表遗失在谷仓里。他找来找去，却怎么都找不到。这可是一只很名贵的金表，一定要得找到。于是，他便在农场门口贴了一张告示，如果谁能找到这只金表，就奖赏100英镑。

告示引起了很多人的注意。大家都想得到这笔重赏。于是，很多人都来到谷仓里，不顾一切地卖力寻找。可是，这么大的谷仓里不但谷米成山，还有一包一包的棉花与一捆一捆的稻草以及一些杂物。尽管大家都四处翻看，细心地寻找，但要想在其中找寻一只小小的金表简直如同大海捞针。

大家找了一天，眼看天黑了，还没找到。这时，有的人抱怨谷仓太大，有的人抱怨杂物太多，很多人放弃了寻找。到最后，仓库管理人员正要锁上大门时，有一个小男孩说他要继续寻找。

仓库的管理人员一看，他穿着破衣裳，已经整整一天没吃饭，但寻找得还非常努力。在众人都离开之后，他仍不死心。因为他要用这

100 英镑来解决全家人的吃饭问题。

天渐渐黑下来了，周围的一些喧闹也渐渐静了下来。小男孩还在谷仓内耐心地寻找着。突然，"嗒嗒嗒……"他听到一个令人振奋的声音，是什么在不停地响着？肯定是那只金表。对，一定是它！他赶紧停止寻找，循声走过去，最终他看到前面一个黑暗的角落里有一个发光的东西。他赶紧走了过去，那果然是他要找的东西。最终，小男孩得到了 100 英镑。

在人生道路上，面对挫折是不可避免的事。但有的人在挫折面前，脆弱得不堪一击，或是遇到了许多令自己无法抵御的诱惑，从而偏离原来的目标，被困难给折弯了腰，最后越走越远，什么也没做成。而有的人面对挫折则想尽一切办法去克服，总是咬紧牙关，坚定不移地向着目标迈进，不论在途中遇到什么样的诱惑或阻碍，他们都坚持到底，将事情做好做完整。于是，那些似乎注定要失败的人反而创造了奇迹。所以，成功并不是遥不可及的神话，它就在我们坚持的那最后一分钟。

很多时候，成功如同谷仓内的金表，其实，它早已存在于我们生活的周围，我们要得到它也并不是太难，我们只需一种高瞻的眼光和胸怀，只需在困难面前再坚持一下，就可能取得最后的成功。

4. 命运终将宠着你，相信自己身上会出现奇迹

漫长的人生好比大海上的一只船，而自信就是引导船只航行的帆，一个人只有勇敢、自信地向前走，才能凭借这股力量成就自己的辉煌人生。所以，有了自信，就会有奇迹发生，使自己最终到达成功的彼岸！

"我听到我的呼吸，在说要尽全力……我感谢每次风雨，给我更多鼓励，让我领悟生命真正意义。我们能改变命运的轨迹，创造值得骄傲的时机。我相信做好自己，我相信我就是奇迹……"这是现代歌星陈奕迅在他演唱的一首《相信自己无限极》里的歌词。

是的，虽然人生会遇到诸多的选择，虽然每一次选择都面临一定的风险，但我们都要相信自己能改变命运的轨迹，只要我们有足够的勇气相信自己，就能创造出奇迹。

相信自己的人，心中总会充满信念，而这个信念就是他创造奇迹

的风帆。只有充满自信的人，相信自己无限可能的人，才会将自己的潜能最大限度地挖掘出来。因此，有人说即使世界上最精密的仪器也不能探测出一个人身上隐藏的能量有多大，却可以帮人找到成功的答案——自信。漫长的人生好比大海上的一只船，而自信就是引导船只航行的帆，一个人只有勇敢、自信地向前走，才能凭借这股力量成就自己的辉煌人生。所以，有了自信，就会有奇迹发生，使自己最终到达成功的彼岸！

很早以前，英国有一个非常贫困的地区，这里的一个学校，除了老师有些文化知识之外，学生们全都是毫无任何学识的贫民的孩子。

一天，老师要求同学们写篇"追求未来"的作文。当学生们写好交上来之后，老师发现有一个男生写的作文很不靠谱，只见该男生在作文本上这样写道："我希望未来的自己是一个大富豪，因为我要拥有世界上最大的农场。我要在我的农场里种满庄稼，喂养数不清的牛羊。我要让肥沃的田野长出颗粒最饱满的稻谷，我要在草地上放牧最纯种的骏马，我要拥有一辆最豪华的马车，我要一幢最宽敞的豪宅……"

这简直是异想天开，老师看后想这孩子的想法真是荒谬得不可思议。他不但给了他一个最差的评价"C"，还留了评语说"这是不可能的小傻瓜，你一个贫民的孩子，凭什么这样想，趁早放弃吧，因为你的未来是不可能实现的"。

这个男生看了老师的评语非常生气，他气愤地对自己说："哪怕实现我的未来比摘星星还渺茫，我相信它会像奇迹一样成为现实！"

总
有
一
天
，
所
有
人
都
会
为
你
鼓
掌

若干年后的一天，这位老师应邀去一座农场参观。一辆豪华的马车拉着他围着农场走了一圈，在农场的东面，他看到一群群数不清的牛羊，在农场的西面他看到金色的稻谷一望无际，在农场的南面他看到各种品种的骏马在草地上奔驰，在农场的北面是一些叫不出名字的奇花异草，而在农场的正中则坐落着一幢最大最漂亮的庄园……这种情景似乎在梦里见过，老师被这个美丽富饶的大农场惊呆了。

这时，他羞愧难当，他向当年写作文的男生——现在的农场主道歉说："谢谢你，今天给我上了人生有教育意义的一课！使我不得不承认，只要有足够的信心，什么样的痴心妄想都有可能变成奇迹！"

美国著名演员巴里摩尔说过："只要一个人还有所追求，他就没有老。直到后悔取代了梦想，他才算老了。"是的，追求如歌，路因梦想而延续，成功因梦想而诞生。一个人只要敢于追求，只要充满自信，不管心中产生了多么异想天开的念头，都有可能成为现实。正如卡耐基所说："自信是成功的第一要诀。只有扬起自信的风帆，人生的大船才能在艰难险阻的风浪中乘风破浪，才能最终到达成功的彼岸。"很多时候，当我们陷于人生的低潮时，希望有奇迹降临在我们身上，帮我们渡过难关或打一个漂亮的翻身仗。我们知道产生奇迹的路上会遇到各种困难、挫折，这就要看我们能不能有勇气将自身的潜能挖掘出来。如果我们愿意去做那个创造奇迹的人，那么一切的困难都不算什么。因为一只凌空的雄鹰，一定胸怀远大的梦想，它一定可以穿越厚重的云雾，去飞到巍巍的大山顶上。

因此，一个人若想将隐藏在自己身上的潜力完全挖掘出来，心中就要有一颗希望的种子，它能使我们时刻保持强烈的自信心，帮我们挖掘到生命的宝藏，因为潜意识会把成功的信念变成行动。所以，那些相信自己、说自己行的人，都是对自身勇气的考验，当他们蹚过汹涌的激流，就会看到奇迹在彼岸发光。

总有一天，所有人都会为你鼓掌

第七章
你若百折不挠，挫折就会自动变小

所谓挫折，所谓逆境，都是我们成功道路上所必须经历的"小考""大考"。在"小考""大考"中，只要你足够坚强，只要你百折不挠，它们的"难度"就会变小，而你也会因此"考"出好成绩，在一番"收获"后朝着自己的目标继续前进。这样，即使是"挫折"和"逆境"也会为你鼓掌加油。

1. 做逆境中的勇士，你的人生将会变得五彩斑斓

阳光总在风雨后，奇迹总在厄运中。苦难并没有我们想象的那么可怕，很多时候它就如一座险滩，闯过去人生会变得更加五彩斑斓。在走向成功的路上不可能一帆风顺，敢于承受挫折，就是成功的表现，学会百折不挠就是成功的前提，敢于在逆境中尝试，才能看到人世间最美丽的风景。

法国作家福楼拜说："人生中最光辉的一天并非功成名就的那天，而是从悲叹和绝望中产生对生命的挑战，以勇气迈向意志的那天。"敢于向逆境挑战才有希望，敢于在绝望中翻身，才是勇气可嘉之人。所以，逆境虽然给我们带来了一定的困难，但同时也给我们的生活带来了新的转机。有人说："从不获胜的人，很少会失败；从不攀登的人，很少会摔跤！"所以，要想做一个勇士，就要敢于挑战，敢于冒险，只有勇敢地跨过险滩，才能欣赏风平浪静的喜悦。我们的人生之

旅总是风一程雨一程的，而我们只有在风雨面前不退缩、不放弃，百折不挠、勇往直前，就能迎来精彩的人生。

具有冒险精神，是获得成功必不可少的条件。"疾风知劲草，烈火见真金。"一个人唯有经得起逆境的考验，敢于为成功去承受风险，在逆境中能奋发向上，不畏挫折与困难才能成为人上之人。所以，一个人具备了承受挫折的素质，就能做成这个世界上能做的任何事情。

有一个在美国求学的中国留学生，由于家里经济条件不太宽裕，他靠自己在餐馆、货场等一些临时的地方挣些小费，来补贴生活所需。一天，他在一个公共场所看到一个广告，是一所大学要为一个教授招聘一个中国助教，这个留学生一看这个职位很适合自己。这个职务不但有利于自己的学业，而且所给的薪水比其他工作高出了许多，于是他赶紧报了名。但是，由于这个职位的确不错，一下子吸引了好多中国留学生来报名应聘。可想而知，面试的过程非常严格，素质、知识、长相等各方面的要求都很高。经过层层筛选，最后剩下他与另外两名中国留学生以及其他国的留学生共 30 个人，还有最后一轮三比一的入围测试，才会将最优秀的十个人留下。为了能得到这个工作，这个留学生赶紧为最后的决赛做准备，他一边去图书馆里查阅资料，一边向一些有经验的前辈讨教。但是，这时另外两名中国留学生却告诉他最后测试他们的这位面试官对中国人有偏见，因为他年轻的时候在朝鲜战场上当过中国人民志愿军的俘虏，他非常不喜欢中国人，所以他们猜想他肯定不会将这次工作机会留给中国学生的，这两位中国留学生因此要退出总决赛，并劝他也放弃这场注定失败的面试，还不如省下时间去找别的机会。

听到这个消息，这位中国留学生心里凉了半截，觉得自己被录用的希望真的不大。但在失望之余他又想事情已经进行到最后阶段了就此退出岂不太可惜了？他说："就是这位美国教授真的对中国人有偏见，我也应该用自己的行动证明给他看我是优秀的。"再说，我们不去试一下，又怎么知道对方到底是怎么想的呢？所以，他决定无论如何都要去搏一搏。最后面试时候到了，这位美国教授果然向他提出了很多疑难问题，但他都不慌不忙的一一解答清楚，将自己满腹的才华充分地展现了出来。"OK，你被录取了。"面试官高兴地说。真是意外啊！这位留学生想。"谢谢！但是，我能问一下我为什么被录取吗？""当然可以。这是因为你有尝试的勇气，虽然你在他们中间并不是最优秀的，但你精神可嘉！"面试官说。

巴尔扎克说："世界上的事情永远不是绝对的，结果完全因人而异，苦难对于天才是一块垫脚石……对于能干的人是一笔财富，对于弱者是一个万丈深渊。"是的，阳光总在风雨后，奇迹总在厄运中。苦难并没有我们想象的那么可怕，很多时候它就如一座险滩，闯过去人生会变得更加五彩斑斓。在走向成功的路上不可能一帆风顺，敢于承受挫折，就是成功的表现，学会百折不挠就是成功的前提，敢于在逆境中尝试，才能看到人世间最美丽的风景。

但是，生活中有许多人往往因为一些客观原因而不敢"跨前一步"，不能登堂入室，他们总是守株待兔，可是他们等来等去，等到最后往往是一场空。他们最终只能徘徊在成功殿堂的门口，不敢承担一点风险，于是等了今天，再等明天，不敢去挑战任何风险，没有丝毫遇险精神，从而失去成功的机会，成为众多失败者中的一员。

美国著名作家布莱克说："水果不仅需要阳光，也需要凉夜，因为寒冷的雨水能使其尽快成熟。所以，人的性格陶冶不仅需要欢乐，也需要考验和困难。"不经破茧的蝴蝶，就不能在花丛中翩翩起舞，蜗居在巢穴里的雏鹰，也无法在苍穹翱翔。唯有那些搏击风浪的雄鹰，才可以振翅飞翔，唯有那些不惧艰险、逆流而上的人，才可以拥有辉煌的人生。其实，成功并不像我们想象的那么难，我们要始终告诫自己苦难与磨炼是成大事者必备的要素，不论是身处顺境还是逆境，倘是人才，都可以茁壮成长。坎坷会让我们的意志变得更加坚韧不拔，在逆境面前，只要我们能勇敢地向前跨一步，只要我们能充分发挥自身的能动作用，就能决定我们的未来。

2. 摔倒了哭一声，爬起来继续前行

成功与辉煌总在人生之路的尽头，而跌倒、失望、挫折、悲伤总是充斥其中，所以人生之路是一条布满荆棘的征程，但希望总会在征程的一头向我们召唤，告诉我们不要灰心、不要丧气，告诉我们不经历风雨怎么见彩虹，告诉我们摔倒了赶紧爬起来，再勇敢地继续向前，就能看到成功在那头向你微笑。

居里夫人说："人要有毅力，否则一事无成。"没有毅力，遇到困难就退缩，不能坚持到最后的人，通常什么事也做不好。《荀子·劝学》中说："锲而舍之，朽木不折；锲而不舍，金石可镂。"也是在说凡事都要坚持不懈地努力，一定要有恒心，即使再难的事情也可以做到。所以，人生贵在持之以恒，有恒心、有毅力、有耐心，能忍受的人往往是能成大事者。

生活中难免会遇到悲哀、伤心、痛苦、烦恼、不公平、不合理等

一些不幸的事情，这时一定要学会忍耐与沉着，不管面临着什么困难与挫折，能忍耐才能冲破前进道路中的各种困难。忍住心头的怒气与怨恨，把一切的障碍，当成是对自己人生的磨砺，不断地发愤图强，总有出头的一天。

美国有一个叫沃伦·法德勒的人，他被人们誉为"风暴追逐者"，因为他是全球唯一以"追风"为职业的人。据说，沃伦·法德勒从小就是一个不安分的孩子。在书中，他曾这样写自己小的时候："我一直想逃离后院，去外面追逐旋风的计划，但妈妈总会严厉斥责。在暴风雨天，我喜欢往屋外跑，这让妈妈很是担心。"

在小的时候，他就对风暴和龙卷风非常喜爱。在他 12 岁那年，他一个人在岸边观察一个干涸的湖泊。他想看看季风怎样将带来的雨水把这个湖泊一点点装满。他看得非常专心，但没想到，突然湖岸有一段泥土崩塌了，他一下子被卷入满是淤泥的湖中。幸亏当时的水流把他冲到了一个浅滩处，在那里，身材还不算太矮的他可以将双脚站立，把头伸出水面。如此经过一番挣扎，他才脱离了危险。

沃伦·法德勒在日后形容这段经历时说："我确信，在那一刻，我看到了死亡的影像。但死亡之神不喜欢我，便又将我给推了回来。"然而，经过这一次灾难之后，沃伦·法德勒不但没有被狂风吓倒，反而使他觉得风暴并没有那么可怕。

于是，这次历险使他决定一定要对风暴探个究竟，也再次坚信了他的"追风"之梦。

不久，沃伦·法德勒鼓起勇气，决定来一次"与风共舞"的切身行为，这是他人生的第一次具有纪念意义的实际"追风"行动。当时，年仅 12 岁的他，只身一人骑着自行车不畏呼啸的风沙，勇敢地闯入"龙卷风"内部。他明显地感觉到了呼吸不畅，看到有一股涡流旋转着向天空而去，仿佛中间一条橘黄色的彩带。置身其中的他兴奋不已，令他没想到的是"龙卷风"的中心却非常平静，与外面所看到的沙尘漫天的呼啸是截然不同的。这令他为自己的新发现而欢呼雀跃，但他仅仅在旋风眼中待了几秒钟，龙卷风呼地几下子就过去了，只给他身上留下了一层厚厚的尘土和一些不知名的植物的细刺，这又使他觉得非常好玩。

日后，他在日记中写道："我的第一次追风行动很成功，它给我一种重大发现的喜悦感！"

等到大学毕业以后，沃伦·法德勒立志成为一个职业的"暴风追逐者"。年轻的他整天风里来雨里去，时常与疾风骤雨、闪电雷鸣打交道。就这样，直到 1988 年的一天，发生了一件改变他一生命运的事情。

那天的天气非常恶劣，先是乌云翻滚，接着雷电交加，随着就是狂风暴雨，天地间顿时连刮带下地迷糊起来。这时，所有人为了避雨避雷都躲进屋里不敢出来，而沃伦·法德勒拿着相机，冲进狂风骤雨里不断地拍摄着那些难得一见的画面。

这时，一个个闪电在他的身边闪过，一个个响雷在他的头顶鸣起，而他却全然不顾。可是，突然巨大的闪电在擦着沃伦的身体划过，差点要了他的命，这时他不但没有逃避，反而对着这个宝贵的瞬间迅速地按下了照相机的快门，然而就是在这致命关头的紧要一拍却成就了他的辉煌，因为一时刻他抢拍到了闪电直接打到储油罐上奇妙的一

总有一天，所有人都会为你鼓掌

瞬——当时虽然相距五六百米远，他却拍得非常清晰——这是一张珍贵的照片，非常难得。于是，当时美国最热门的杂志《生活》刊登了这张照片。也就在此时，沃伦·法德勒被业界冠以"风暴追逐者"的名号。

从此以后，沃伦·法德勒不断接到请他拍摄恶劣天气景象的请求。这些请求遍布世界各地，纷纷涌来，让他应接不暇。也是从这时开始，他从事着"风暴追逐者"这个威胁着他生命安全的事业。以至于在20年的职业生涯里，他几乎每天都过着"拼命三郎"的人生。

同时，这些冒险经历使他受到了世界各大媒体的青睐，经常被"福克斯新闻""CNN"等媒体邀请。特别是在2005年，他在追踪摧毁了新奥尔良的"卡特丽娜飓风"时，各大媒体更是纷纷邀请他做现场报道的节目。这时，他简直成为全美国甚至全世界人人都知晓的并且最富有传奇色彩的人物。他不但出名了，而且事业取得了巨大成功，成为美国顶尖的恶劣天气生存专家，因为他曾经创造了经历五级飓风和五级龙卷风而生还的奇迹。

如今，他是"天气仓库"公司的"CEO"，执掌着全球最大的以恶劣天气的高清照片和视频为主题的网站。沃伦·法德勒还著了两本书，《风暴追逐者》与《终极风暴生存指南》，前者在亚马逊网站自然科学类十分畅销；后者是他根据自己多年冒险经验写的，告诉人们如何在恶劣的天气中求生存。这本书一问世，也同样受到广大读者的欢迎。

有人说："成功就是摔倒了一万次，还有勇气爬起来继续前行。"世上没有跨不过去的坎儿，关键在我们能不能在摔倒之后，再爬起来继续奔跑；世上没有做不到的事，关键在于我们有没有恒心与毅力。成功与辉煌总在人生之路的尽头，而跌倒、失望、挫折、悲伤总是充斥其中，所以人生之路是一条布满荆棘的征程，但希望总会在征程的一头向我们召唤，告诉我们不要灰心、不要丧气，告诉我们不经历风雨怎么见彩虹，告诉我们摔倒了赶紧爬起来，再勇敢地继续向前，就能看到成功在那头向你微笑。

在追逐梦想的过程中，难免不会遇到挫折与困苦，很多时候就像摔跤一样，需要我们在一次次的跌倒中，再爬起来继续。可以说，一切有出息、有成就的人，都是那些可以摔倒了再爬起来拼命的人。因为除此之外，没有比这更好的生存方式和得到成功、幸福最好的方法了。

3. 坚持不懈，困难会向你低头

一个人只有成为猛狮，才不会被送去屠宰场；一个人只有强大起来，才不会成为任人欺凌的羔羊。有句话说："坚持不一定有成功，但放弃肯定失败!"一个不肯轻易放弃的人，最终所有的困难都将向他低头。

一个人只有成为猛狮，才不会被送去屠宰场；一个人只有强大起来，才不会成为任人欺凌的羔羊。有句话说："坚持不一定有成功，但放弃肯定失败!"一个不肯轻易放弃的人，最终所有的困难都将向他低头。失败并不可怕，一败涂地也不可怕，可怕的是从此一蹶不振、埋天怨地。这不是英雄所为，更不是强者所应有的心胸。因为生命本身就是一场力量悬殊的生存角逐过程，每个置身于其中的人不是坠落，就是上升。但终究如何，还要看我们自己，是甘于做牧人鞭打的羔羊，还是勇于角逐的猛狮。

我们知道，贝多芬是世界上著名的大音乐家，一生创作了 9 部完整的交响乐，为音乐的繁荣发展做出了巨大贡献，像《英雄交响曲》《命运交响曲》《田园交响曲》《合唱交响曲》等在全球都闻名遐迩，受全世界人民的喜爱。但是，人们在倾听着他那美好的音乐时，又有谁能想到他一生却经历了数不清的磨难。

他出生于音乐世家，自幼跟随父亲学习音乐。从小贝多芬就有着超出常人的音乐天赋，8 岁时就举办了个人音乐会，17 岁拜音乐大师莫扎特为师，潜心学习音乐知识，22 岁时他在维也纳从事教学、演出和乐曲创作。经过多年认真、扎实的勤学苦练，在名师的指导与培养下，贝多芬逐渐成长为一名杰出的音乐家，不断地创作出一些动听的音乐作品。

但是，就在他专心致志地醉心于对音乐的创作过程中时，他的身体健康状况却越来越差，更为不幸的是到 1816 年时，他就什么也听不到了。可以想象，失去了听觉，对一个音乐家来说是多么残酷的打击，这对贝多芬来说简直比判了死刑还要痛苦百倍。但是，坚强的他并没有因此离开自己喜爱的音乐艺术，他决定与自己的命运进行抗争。他说："我将扼住命运的咽喉，它决不能使我屈服。"

于是，在万分痛苦中，贝多芬没有消沉下去。他不但更加努力的作曲，还给乐队做指挥。在一次预奏时，他搞砸了——由于听不到乐声，他指挥的演奏比台上歌手的演唱慢了许多，这样使整个乐队都无所适从，导致演唱无法进行下去。这时，有人在现场指责他："不要再指挥下去了，你这个聋子!"贝多芬慌忙下台，面色苍白，心里比死了还要难受。

不过，贝多芬仍然没有放弃自己喜爱的事业。他觉得音乐就是自己的生命。他继续以极大的毅力去克服耳聋带给他的种种困难，坚持在对音乐的创作里。

在作曲时，他的耳朵听不到，就拿一根木棍帮助自己对乐声的感受。他将木棍的一头插在钢琴的共鸣箱里，另一头咬在自己嘴里。就这样，经过艰苦不断的努力，他不仅创作出了比过去更多、更优美的音乐作品，而且还可以登台担任乐队的指挥了，这令他非常振奋。

一天，贝多芬在台上指挥他的《第九交响曲》，乐声一开始，他就博得全场观众的一致喝彩。这一曲从开始到结束，竟然响起了 5 次热烈的掌声。然而，虽然掌声如雷鸣般响起，他却丝毫都听不到。直到有人把他拉到前台，他看见全场观众纷纷起立，双手不停地热烈鼓掌，还有的向他挥舞着帽子，他才知道自己真正受到了人们的喜爱。这种狂热的场面，令他热泪盈眶、激动不已。这时，他觉得自己所付出的一切努力都是值得的。

决定一个人成功的因素，不是有着过人的聪慧，不是凭借偶尔的机遇，而是不达目的誓不罢休的精神，成功与失败之间最大的差异就在于意志力的差异。面对困境与人生的磨难，就看我们是坚强地面对，还是绝望地屈服。一句名言说得好："人的生命似洪水在奔腾，不遇着岛屿和暗礁的碰撞，就难以激起美丽的浪花。"英雄与伟人往往诞生于绝境与困苦之中，因为磨难和挫折磨砺了他们的意志，激发了他们的进取精神。就像音乐家贝多芬一样，不向自己的耳病屈服，历尽千辛，也要努力上进，最后终于将困难踩在自己的脚下，征服了耳聋的障碍，取得了巨大的成就。

一场乒乓球比赛结束之后，一个年轻的选手由于发挥失利，而失败了。他心情沮丧地回到家中，显出一副闷闷不乐的样子。

母亲看见后问他："孩子别这样，你是输了，还是没有赢呢？"

"那又有什么区别吗？"年轻的选手仍然很难过地说。

"区别可大了孩子。你知道吗，输了就等于永远输了，可能再也不会赢了，也就是彻底地输了，没救了。而没有赢，却不代表下回也不会赢，因为赢的机会总是存在的。这样，如果你能拿出再继续战斗的勇气，不打败对手决不罢休，那不就是真正的输了，那样对方就会输给你。你是属于哪一种呢？"母亲说。

"哦，我当然是属于后一种了！我这次根本没有输，只不过是一次偶然的失手。我一定会继续努力的，一定会赢得下一次比赛。"年轻的乒乓球选手说。

果然，经过一段时间的刻苦训练，这位年轻选手的技术越发精湛。在下次比赛中，他一举夺冠了。

人生最大的失败莫过于一败涂地，不能再起；那些在失败后继续奋力拼搏的人，大都可以获得最后的成功。小溪归海，虽有九曲十八弯的曲折历程，但它却依然执着；北雁南飞，纵然要经历崇山峻岭，心中也是无所畏惧。为了最后的归宿或成功，挫折与困难只不过是奋斗奏起的交响曲。歌德、贝多芬都曾想过自杀，就连鲁迅先生也曾彷徨过，但他们不都顽强地挺过来了吗？因为他们战胜了自己的消沉和软弱，使前进中的障碍向他们低头、让步。所以，在困难面前，我们不抱怨、不低头，努力上进，就能跨越一道道坎坷！

4. 放手一拼，掀翻恐惧带来的阴影你才会赢

只要我们能将所面临的问题逐一分解，再按部就班地进行处理，并付出亲身的行动，一般都可以得到解决，从而消除心理的阻碍。只有对进取不再畏惧，只有敢于放手一拼，才能走出恐慌的阴影。拼，是我们给自己的一个交代；拼，是胜过一切豪言壮语的行动！努力拼一把，才能最终赢得成功。

"胜败兵家事不期，包羞忍耻是男儿。江东子弟多才俊，卷土重来未可知。"这是古代爱国诗人杜牧的诗句。意思是说，成功是一时的，失败是正常的，胜与败可谓是兵家常事。所以，当遇到挫折与失败，我们不要气馁；当取得成功的时候，我们也不要骄傲。要知道，在我们的一生中遇到挫折和失败是不可避免的事，如果一遇到失败就一蹶不振，灰心丧气，再也没有勇气爬起来，那将是生活中最可悲的人，其人生也将是最不值得的人生。因此，不管发生了什么，不管有

多么的糟糕，我们都不可以对自己失去信心。因为任何事物的发展都不会是一帆风顺的，"胜者不骄傲，败者不气馁"才是人生的常理，失败是每个人一生中不可缺少的调味剂，把它看作一种经历，则未必是一件坏事。失败是成功之母，我们完全没必要因为一时的失败而万念俱灰、不思进取。

爱迪生一生发明了很多种物品，成为世界上前所未有的"发明大王"。但是，在发明电灯时，他却大费周折，失败了无数次。为了找到理想的灯丝，爱迪生先后试验了上千种不同材料，都没有成功。但他毫不气馁，一直在不断地寻找与试验。就这样，他试验了失败，失败了再试验。

终于有一次，他发现实验室里一把扇子上所缠绕的竹丝或许大有用处。于是，他就用那些经过处理的竹丝做灯丝，再进行试验。没想到，这次电灯大放光亮。后来，这种用竹丝做的电灯为人类服务了长达 10 年之久。

爱迪生虽然是个天才，但生活总还是不断地给他带来打击。他一生所经历的失败不计其数。虽然他年轻时就做出了许多宝贵的发明，也取得了巨大成功，但是，在他老年的时候，生活却给了他痛苦的一击。因为他的实验室突然间发生了一场大火，无情的火焰瞬间就把他研究有声电影的所有资料和样板都烧成灰烬。爱迪生一句话都没有说。这时，妻子望着被烧成一片瓦砾的实验室，痛哭着说："多少年的心血让一场火烧了个精光，而今你已年迈力衰，这可怎么办啊！"没想到爱迪生却微笑着说："不要紧，从明天早晨起，一切都将重新开始。别看我 67 岁了，我可并不老！"

总有一天，所有人都会为你鼓掌

一切都可以重新开始！这就是爱迪生———一个伟大的发明家，他顽强的个性和坚强的心态不容许让自己趴下。就这样，晚年的爱迪生仍然获得了最后的成功。

人生百年，逆境十之八九，如果我们能不因打击而倒下去，不因困难而倒退，那么相信人生不会亏待你。勇敢的思想、坚定的信心和渊博的知识，是治疗恐惧的天然药物。挫折激励心志，失败孕育成功。因为勇敢和知识能够分解我们心中的畏惧，使我们再一次鼓起勇气向前。所以，没有彻底品尝过失败的辛酸，也就体会不到真正成功时的喜悦。当挫折带来的痛苦，给我们的心理造成很大的阴影时，我们一定要往好的方面去想。如果产生了很大的消极情绪，人生陷入悲剧之中，就会生活无望，哀怨连连，看不到生活的阳光，从而荒废岁月，浪费掉自己大好的人生与年华。所以，当失败来临的时候，我们应该看开一些，应该有承受失败的能力，一定要学会处变不惊，找到化解难题的灵丹妙药。因为没有经历过失败的人生是不完整的人生，而经不起失败的人也将是不会成功的人，我们应该将失败看成人生路上的另一道风景、另一种财富，不管今后遇到什么打击、威胁、难关，我们都能经得起考验。世上无难事，只要肯登攀。当失败发生后不要逃避、不要灰心，要勇敢地抬起头，从而放手一搏，继续前进，才是永远的成功者。

有一个人，他非常有文学天赋，从小就被身边的人看好。大家都觉得他将来一定能成为著名作家，而他也期望自己能成为世界闻名的大文豪，在文学创作上有极大造诣。

在美梦未成真之前，他小试牛刀，创作了一篇文章，没经修改就迫不及待地发给了一家出版单位。但是，发出去好久之后，这篇文章就石沉大海，一点消息都没有。

原来，他虽然文才不浅，写的文章也很华丽，但由于没有修改，文章里错误百出，编辑看后非常不悦，大手一挥，将其搁在了一边。这样，他当然收不到消息了。一天过去了，两天过去了，一个星期过去了，一个月过去了，一年过去了，又一年过去了……一连过去了好多年，他仍然一天天地等待着，但也一天天地在恐惧不安中度过。其中，他无数次拿起笔，想重新开始，但又一次次地将笔放下。由于心存恐惧，他不敢再轻易地下笔。他想："等所有思路都酝酿好了，等自己酝酿出世界上最离奇、最动人的故事，再开始写吧。到时候，我一定可以一举成名，再也不会遭到冷遇了。"

就这样，由于畏惧，由于害怕再次失败，他始终都没有下笔，空有一腹才学，直到老年都没有写出一篇文章来。

另一个与他同时期的作家，虽然没有他那样有文学天赋，但由于他不畏失败，不怕拒稿，一直奋笔疾书。虽然几次投稿不成，但他还是不厌其烦地修改、不停地加强自己的文学修养。这个作家说："很多时候，我不管有没有灵感，不管写出的句子是优美动人的，还是杂乱无章的，我每天都要坐在书桌前写几个小时文章。其实，我只要手在动、能写出句子来就可以了。所谓心灵手巧，是因为手到能带动心到，会慢慢地将文思引出来。熟能生巧以及功到自然成，于是我越来越能注意到如何使自己写出更好的文章，对写作也越来越有技巧与效率，并且文才方面也发挥得越来越好。现在，连我自己都没有想到，竟能写出如此精彩的文章来。"

由于笔耕不辍，随着时间的推移，这个本来没有多少文学天赋的作者最终成为了知名作家。

畏惧是一种挫败的心态和消极的情绪，它可以在无形之中腐蚀人的意志力，使人畏畏缩缩、犹豫不前。比如，那些对水有畏惧心理的人，总是说"等到没有畏惧心理时再来跳水吧"，但最终还是没有胆量跳一次，因为他已经把所有的精神全都浪费在消除畏惧感上了。所以，畏惧并不可怕，可怕的是陷入畏惧之中不能自拔。其实，我们所害怕的事无非是一个待解决的问题，比如跳水，如果我们能壮着胆子跳下去，并反复练习，那么畏惧感就会慢慢地消失。所以，当我们对某一事物产生强烈的恐惧心理时，首先想到应该如何想办法将问题尽快解决，而不是一味地逃避问题。

只要我们能将所面临的问题逐一分解，再按部就班地进行处理，并付出亲身的行动，一般都可以得到解决，从而消除心理的阻碍。只有对进取不再畏惧，只有敢于放手一拼，才能走出恐慌的阴影。拼，是我们给自己的一个交代；拼，是胜过一切豪言壮语的行动！努力拼一把，才能最终赢得成功。

5. 只要自强不息，你就能找到一线生机

生命中不可避免会有波折，人生不可避免遇到一些困境，这并不可怕，可怕的是我们没有一颗自强的心，没有战胜挫折、走出困境的勇气和自信。没有自强之心的人，在人生顺利时被眼前的幸福所醉倒，在遭遇困境时被眼前的困局所吓倒，然后感叹人生无常，幻想上苍来拯救，最终在抱怨幻想失望之中耗尽了生命。相反，有自强之心的人，在人生顺利时主动出击去追求更美好的未来，在遭遇困境时勇敢地与困难作斗争，深信自己的努力一定能让自己走出困境，创造一个美好的将来。

"天行健，君子以自强不息。"作为一个有志之人，我们应像天一样运行不息，自我力求进步，时时刻刻保持追求，即使颠沛流离，也不屈不挠。从而做到坚韧不拔，发愤图强，永不停息。因为不管我们要成为一个什么样的人，生命的乐趣都需要我们自己去创造，生命的

画布也需要我们自己去彩绘，所以，我们只有坚持不懈，奋发向上，才能使自己的生命发出耀眼的光芒。绳锯木断，水滴石穿，功成名就，靠的是什么？是蓬勃向上的精神，是刚毅坚定的勇气，是顽强的毅力与永不言败的意志。

提起 J. K. 罗琳，可能很多人都知道，因为她写的《哈利·波特》系列小说已经举世闻名，她在一时之间成为全球皆知的著名女作家。但是，谁又知道她年轻的时候曾经过着多么糟糕的生活。

年轻的时候，罗琳也是一个天真、爱幻想的女孩，并且如愿地当上了教师。此外，她还有一个幸福的家庭，因为她有一个爱她、护着她的丈夫与可爱的女儿。这些一度让她觉得生活是多么美好，简直令人陶醉。可是，这美好的一切竟然在一瞬间变成了昨日云烟：她那在新闻电视台工作的丈夫在他们结婚刚刚 3 年时就与她离婚，另组家庭；而离婚不久的她也丢掉了工作。与丈夫离婚后的罗琳，居无定所，又处于失业状态，她的生活真是糟糕透顶，不但身无分文，还要抚养嗷嗷待哺的女儿。

年轻的罗琳举步维艰，穷困潦倒得只能靠政府的救济金度日，还不得不带着孩子投奔乡下的亲戚。作为一个年轻的单身母亲，罗琳的情绪陷入了极度沮丧之中。

但是，这种恶劣的生活情况并没有将罗琳打垮，因为每当看到幼小的女儿那天真无邪的眼睛时，她就觉得自己不能垮，就算为女儿不为自己，她也绝不能轻易地放弃自己的人生。好在她小时候就有写作的天赋，曾出版过一部名叫《兔子》的作品。就这样，在极度的贫困之中，罗琳又重新拿起笔，开始了自己的写作生涯。

罗琳成天不停地写呀写，不知疲倦与劳累。因为写作里充满着童年的幸福幻想，写作里排遣着心中的不快，写作里有最美丽的故事可以讲给女儿听。这样，他从春夏一直写到了冬天。她租住的小屋中没有暖气，常常冻得她的手拿不住笔，冬天不能写作，怎么办呢？罗琳想出了一个办法：到附近一家咖啡馆里去写。

于是，罗琳整个冬天都用婴儿车推着女儿，在这家咖啡馆边取暖边写作。由于手头拮据，她常常只点一杯咖啡，而不要其他食物。

经过一段艰难的时光，她终于写出了自己的第一本《哈利·波特》。但是，这本稿子完成之后并没有立刻受到欢迎，因为那时候的罗琳还没有知名度。当她向出版社推荐这本书时，却遭到了一次又一次拒绝，因为很多编辑都对这本书不感兴趣。

在这种打击之下，罗琳没有气馁，她相信自己的作品一定会受到大家的欢迎。她又不停将自己的作品投向各个出版单位。终于，苍天不负苦心人，一家出版社看中了它，并很快将其出版。

没想到，第一本《哈利·波特》一问世便成为畅销书，因为人们都被书中的主人公哈利·波特给打动了——这个智慧、真诚和善良并富有冒险精神的小男孩，以他勇敢的经历征服了全球亿万读者。于是，这本童话小说很快就创下了出版界的奇迹。

这部作品出版成一个系列——《哈利·波特》系列小说，被多个国家竞相出版，并被翻译成 35 种语言，在 115 个国家和地区发行，引起了全世界出版业的轰动。从此以后，J. K. 罗琳也成为世界上大名鼎鼎的女作家。

闻鸡起舞早耕耘，天道酬勤有志人。一个人只有养成勤劳的习惯，不怕辛苦、不畏困难，才能收获丰收的果实。一个人也只有具备自强不息的品格才能立足于社会，培养起勤奋的性格，才能成为有所作为的人。世界上有许多像罗琳一样的人，他们柔弱、困苦，缺少他人的扶持与帮助，看似远不具备成功的条件，然而，他们却意外地成功了，不但拥有了巨额的财富，解决了以往的贫困，还功成名就，取得了良好的声誉与社会地位。

事实上，生命中不可避免会有波折，人生不可避免遇到一些困境，这并不可怕，可怕的是我们没有一颗自强的心，没有战胜挫折、走出困境的勇气和自信。没有自强之心的人，在人生顺利时被眼前的幸福所醉倒，在遭遇困境时被眼前的困局所吓倒，然后感叹人生无常，幻想上苍来拯救，最终在抱怨幻想失望之中耗尽了生命。相反，有自强之心的人，在人生顺利时主动出击去追求更美好的未来，在遭遇困境时勇敢地与困难作斗争，深信自己的努力一定能让自己走出困境，创造一个美好的将来。罗琳刚开始被眼前的幸福陶醉，不幸遭受了困境，但有幸的是困境激活了她自强的心，而她因为有一个自强的心，在绝望中找到了希望之路，并在希望大道上越走越勇猛，从而成就了自己的伟大事业——成为全世界闻名的畅销书作家。

对于我们大多数人来说，罗琳的事迹或许是一个传奇，但也是可以借鉴和学习的。那就是，我们时刻要拥有一颗自强的心。

一个人的处世态度是决定他是否能走向成功的关键。我们人生过程中，不可避免地会依赖我们的父母或者亲人，但这种依赖正常情况下是应该随着个人的成长而减弱消退的。在此过程中，我们千万不能养成"依赖"的个性，失去自己本身应具有的独立性，从而事事依靠他人、跟随他人，像寄生虫一样依附于他人而生活，完全没有自己的信念与人生。在我们人生顺利和依靠稳固时，这种生活状态似乎不会给我们造成大困苦，但一旦失去依靠，生活就会坍塌，一旦人生不顺利，生活就会从此陷入绝境的深渊。反过来，如果我们有自强之心，养成了"自强"的性格，那么在生活中就不用事事依赖他人，很多事我们就可以自己解决，而且遇到困境也会坚强应对，将困境当作走向成功的一种机遇，从而通过努力走出绝境，最终成就自己的事业。所以，我们只有塑造一种坚毅刚强、奋发向上的性格，从而自强不息、奋发向上，才能在绝望中找到一线生机，才能使我们的人生永远立于不败之地。

总有一天，所有人都会为你鼓掌

第八章

遇事心态平和，永不中焦躁的魔

我们追求着成功，努力去实现自己的梦想，而这也是我们成熟的过程。因此，我们追求梦想，也不能忽略自己的成长，让自己变得成熟起来。遇事心态平和是一个人成熟的重要标志，它能帮我们在追求理想的道路上少受到一些羁绊。因此，无论我们顺利，还是遇到挫折时，我们都要修身，努力做到心态平和。

1. 做到宠辱不惊，你将"百毒不侵"

人生自古苦多乐少，失败与挫折是常有的事。一切都已不复存在，无论怎么想都是不会改变的事实了，再期望只会加剧痛苦。不如看开一些，因为世上的一切都终归是灰尘。

洪应明在《菜根谭》中说："宠辱不惊，闲看庭前花开花落；去留无意，漫随天外云卷云舒。"告诉人们无论宠辱都不要在意，都要视宠辱如花开花谢一般平常无奇。让人们养成出世入世的平常心态，以减少心中的痛楚以及患得患失的感觉，让人们"视得失去留"如云卷云舒般无牵无挂，只有这样平静的心态，才能活得从容安详。是的，"人生不如意之事常十有八九"，人生之路从来都是不平坦的，我们在生活当中时时都会触及挫折和不幸，如果我们能始终保持一种从容沉着的态度，我们就不至于因一些失意而受伤，虽然许多的遭遇是我们无法回避的，但我们却可以选择达观的心态去面对，以广阔胸怀看待生活中的人和事，才能在困难与挫折面前不徘徊、不低头，不悲伤、不自责，从而超越失败，走向成功。事实上，只有做到遇事宠辱不惊的人，才能做到不受外界的影响而坚持自己的志向，从而"百毒不侵"，在艰难困境之中保持自己的本色，永不中焦躁的魔。

一个寺庙里有一个叫"白隐"的禅师，他处世从容安详，有着很深的修行，无论别人怎样说他不好，他都只是淡淡地说一句："就是这样吗？"他也因此受到周围人们的尊重。特别是一件奇怪的事情发生后，更加深了人们对他的敬意。

因为在寺庙附近的一个村子里，有一对夫妇生了一个漂亮的女儿。为了女儿将来能获得幸福的生活，这对夫妇经常带着他们的女儿到白隐禅师的寺庙里拜佛。一晃十几年过去了，这对夫妇的女儿出落成了漂亮迷人的少女。可是，正当这对夫妇准备为女儿寻一个好婆家，好将她嫁出去时，却突然发现女儿的肚子大了起来，不知什么时候女儿竟然有几个月的身孕了。这令这对夫妇异常愤怒，就责问女儿怎么回事。一开始，他们的女儿什么也不说，但在他们一再地追问之下，便说出白隐禅师的名字。听了女儿的话，这对夫妇万分生气，立刻火冒三丈地找白隐禅师理论，一定要他说清楚此事。不料，白隐禅师仍然像往常那样说："就是这样吗？"听了白隐禅师的话，这对夫妇真是气得要死，但为了保全女儿的名声，也不敢过于声张。于是，女儿将孩子生下来后，孩子就被送给白隐禅师。白隐禅师收下孩子后，细心照料，什么都没说。总是常常向附近的村民们乞求婴儿所需的奶水和其他用品，但由于这是一种"见不得人的事"，就常常遭到人们的白眼和冷嘲热讽。这不但令他名誉扫地，也几乎没有了以往的尊严。但他仍然泰然处之，只是淡淡地说一句："就是这样吗？"表现出一副若无其事的样子，仿佛他是受托抚养别人的孩子一样。就这样，一年过去了，那个已经做了妈妈的女孩，终于不忍心再让白隐禅师蒙受耻辱了，就向父母吐露真情：孩子的亲生父亲是住在同一村里的一位男青年。她的父母听后大为吃惊，立即将她带到白隐禅师那里。向禅师赔礼道歉，说了很多对不起的话，请求他的原谅。这时，禅师仍然是淡淡地说："就是这样吗？"其神态仿佛什么事都没有发生过一样。从此，人们对白隐禅师更加爱戴。

何为"宠辱不惊"？白隐禅师处世的态度就是最好的注释。一切都没有什么值得大惊小怪的，用一颗平常之心处之，所有的荣辱得失都不算什么。人生自古苦多乐少，失败与挫折是常有的事。一切都已不复存在，无论怎么想都是不会改变的事实了，再期望只会加剧痛苦。不如看开一些，因为世上的一切都终归是灰尘。再说，失去了房子，还有星空；失去了床铺，还有大地；失去了财富，还有健康！要知道，人生总是在得失互补、悲喜交接中度过的，没有什么事物值得计较。我们又何必自寻烦恼，又何必惊惧不安？有话说："心地上无风涛，随在皆青山绿树；性天中有化育，触处都鱼跃鸢飞。"世间盛衰何常，强弱何在。宠即是辱，辱即是宠，宠是花，辱也是花，它们是一个相互转换的整体，是生命的两个轮回的节点，并在不断持续着。因此，宠辱只是眼前的花，花落缤纷，花开绚丽，都是一种成长的美丽。所以，"宠要谦下，辱要精进"。只有放下名利，放下身见，学会自在安然，就没有什么东西可以束缚我们的发展。

在一个下雨天，一名研究生急切地去请教班里的教授。原来，他写了一篇自认为很高深的学术论文，但另一名研究生看后，不但不称赞，还当众讽刺他的见解平庸、观点陈旧，令他颜面尽失，心中大为恼火。他不知道自己是该当面与那个同学论个高下，还是该让学校为他主持公道，于是便来征求教授的意见。看到这位学生情绪激动，教授平静地说："既然你来找我，那我就给你一个小建议。你应该学会控制自己的情绪，先让自己冷静下来。""哦……好吧。"该学生余怒未消地说。"好，现在我来告诉你。其实，很多时候他人的侮辱与嘲讽跟泥巴没什么两样。你看我裤子上的泥巴是今天早上过马路时被一辆快速行驶的车给溅上的，现在已经晾干了，轻轻掸几下就掉了。试想，如果当时我就去抹擦的话，不但抹不掉，肯定还会弄得一团糟。所以当时我没有管它，而是专心做其他事。现在它晾干了，处理起来是不是非常容易了？"教授说。"哦，我明白了。处理事情最好的方法就是先冷静下来，让恼火的事搁在一边。等事情'晾干了水分'，心中的怒火也就消失了，这时事情的矛盾就好解决了，是吧？"该学生说。"嗯，没错，真是个聪明的学生！我想你已经知道事情该怎么处理了。"教授说。"嗯！"该学生说完高兴地走了。

世事无常，世界上没有永远的冬天，也没有永远的失败。什么都不要看得太真，凡事都不要太较真。拿破仑·希尔在总结他的成功法则中有一条说："命运之轮在不断地旋转，如果它今天带给我们的是悲哀，明天它将为我们带来喜悦。"所以，我们只有保持从容的心态，做到宠辱不惊，才不会被俗事所累。因此，当我们闻达的时候不要过分欢喜，落魄的时候也不要过于悲伤，做一个能伸能屈之人，才能生活得坦然自若。这不但是一种智慧的人生，更是一种面对困难从容不迫的良好心态。可以说，他做到了对生活世俗的真正看透和看淡，从而乐观坦然地面对自己的不幸。所以，当遇到艰难和不幸的时候，我们一定要学会乐观与从容，学会"笑对失败"，学会用淡然的眼光去看待世界的沉沉浮浮，学会在落花中找到安宁，才能做一个守信、幸福的人。

2. 豁达的心态，永远强于抱怨

人的一生不可能永远地拥有什么，所以，我们也没必要去惋惜什么。人生本来就是一场空，我们大多数人都是赤条条地来到这个世界，若干年后又赤手空拳地离去，最后的结果是四大皆空。所以，有度量接受不可改变的事情才是智者，人的一生不可能一帆风顺，没有什么想不开的事，也没有什么放不下的物，更不可能永久地拥有什么，失去时再悲伤也是徒劳的，还是豁达一些，把开心快乐带给周围的人，对自己也好，事情也自然会好起来。

一位哲人说："聪明的人永远不会坐在那里为他们的损失而悲伤，却会很高兴找出办法来弥补他们的创伤。"在生活中，谁都会犯错，都有受损失的时候，我们这时候再去惋惜、再去愧疚也往往挽不回来，也于事无补。生气不但解决不了问题，有时候因为想得太多，反而让心情变得沉闷，会使事情弄得更复杂，从而使自己不能开心。人生在世也就那么几十年，干吗要有那么多的烦恼呢？

有一位禅宗大师说："生命的完整，在于宽容、容忍、等待和爱，如果没有这一切，即使你拥有了一切，也是虚无。"因此，我们应学会宽容与容忍，对他人的错误不要用恶劣的态度对待。面对生活中的琐事，如果能以平和的态度来摆事实、讲道理，往往远比伤害、侮辱更能震撼人心。

提起童话大王安徒生大家应该都知道，他的童话故事不但脍炙人口，而且所反映的意思也意义深刻，得到了人们的喜爱且广泛的流传。其中，有一个故事是这样的：

在一个贫困的村庄里，住着一对贫穷的老夫妇。两个人无儿无女，相依为命，其生活情况可想而知。

不过，他们的生活虽然有些艰苦，但夫妇二人却非常和睦，两人相处几十年来从来都不曾相互吵闹过。特别是老婆婆，不管家里的生活情况多么糟糕，她从来都没有抱怨过自己的老头子，也从来没有嫌弃过他的能力。这样，由于两人生活得相敬如宾，村里的人都对他们十分尊敬。

一天，他们想把家中的一匹马拉到市场上去换一些更有用的东西。这匹马可是他们家里唯一值钱的东西，虽然心里很舍不得卖掉，但为了维持生活，只能这样做。为了卖个好价钱，一大早吃过饭，老头儿就匆匆地牵着马去赶集。

到集市上之后，有一个卖母牛的人相中他们的马。于是，老头儿就用自己的马与人家换得一头母牛。他一想到以后老伴就有新鲜的牛奶喝了，心里就很高兴。

但是，过了一会儿，有一个卖绵羊的相中了他的母牛。于是，老头儿又用母牛换了一只绵羊。这时，老头儿心想，到了冬天，老伴就可以剪一些羊毛，做一件暖和的羊毛大衣过冬了。他心里又是一阵高兴。

后来，老头儿在集市上转来转去，见了很多物品，而且，每一件物品似乎都很有用。于是，他又与人家做了多次交换。比如，他又用绵羊换来一只鹅，又把鹅换了母鸡。最后，他又用母鸡换了别人一大袋烂苹果。在每次交换中，老头儿都想给自己的老伴一个惊喜。

等到集市散去后，老头儿扛着一袋子烂苹果，急匆匆地往家里赶。当路过一家小酒店时，他感到自己有点累，就进去歇歇脚。

这时，酒店里有两个倒卖金子的英国富商。他们看到老头儿很和善，就与他聊起天来。在聊天过程中，老头儿把自己今天在集市上用一匹马换东西，最后换了一袋子烂苹果的经过说了一遍。

两个英国人听后，哈哈大笑。他们纷纷嘲笑老头儿说："你真是蠢得可爱！回家，你就等着挨老婆婆一顿臭骂吧！"

"不会的，她绝对不会骂我！"老头儿坚持说。

两个英国人怎么也不相信。于是，他们就用一袋金币与老头儿打赌：如果老婆婆不骂老头儿，他们就将这一袋子金币送给老头儿。

就这样，两个英国人就跟着老头儿一起回到他家中。老婆婆一见老头儿回来，非常高兴，急忙上前迎接，并问老头儿用马换了什么好东西。于是，老头儿就讲述了他在集市用自己家的马换东西的全部经过。

听着老头儿的话，老婆婆十分兴奋，并且时不时地插一句话进来。

尤其听到老头儿说用一种东西换了另一种东西的时候，她脸上非常喜悦，并且充满对老头儿的钦佩之情，并不时地说着："哦，我们有牛奶喝了！""哦，羊毛做的衣服太暖和了！""哦，鹅下的蛋很大呀！""哦，太好了。这回我们有鸡蛋吃了！"

最后，当她听说老头子背回一袋烂苹果时，她仍然不愠不恼地说："这个主意也不错，今晚我们就可以吃到香甜的苹果馅饼了！"

她的回答使两个英国商人目瞪口呆。他们怎么也没有想到这位老婆婆的心胸竟然这样豁达。于是，他们输掉了一袋金币，并且输得心服口服。

在生活中，我们常常会失去某种东西，但如果能用豁达的心情去看待已到来的现实，不为失去而过多地惋惜，乐于接受已发生的事，坦然地去接受现有的一切，也不失为一种生活的智慧。能像童话里的老婆婆那样用豁达的心情去看待，不为失去一匹马而惋惜，不为一些损失而埋怨对方，既然还有"一袋烂苹果，那就用它做一些苹果馅饼好了"，我们就不会再有那么多的烦恼。这种处世方法也是抛开忧虑，轻松生活的前提。

所以，豁达的心态永远强于抱怨，我们要学着拥有豁达的人生，学会拥有宽广的胸怀，学会接受四方之事及八面来风，学会用包容的眼光去看待和审视周围的人和事，就不会再因生活中一些无谓的琐事而斤斤计较。尤其是对那些诸事不顺、压力重重的人来说，更要学会旷达的人生观，学会不拘一格的生活方式，从而放宽心情，不抱怨、不惋惜，也就不会因生活中所谓的烦恼而忧心忡忡，才能让自己活得更快乐。

总有一天，所有人都会为你鼓掌

有一对夫妻，平时也算和气，但最近这段时间内，两人经常为一点小事而争吵。

一天，两人争吵之后，老婆一气之下离家出走了。这时，丈夫才意识到了自己不对，从而向老婆道歉言和。

原来，女人因为一时大意做错了事，被丈夫狠狠地责骂了一顿。她心里很不高兴，顺手摔了一个镜子。而丈夫最烦别人摔东西，就气呼呼地说："想摔东西是吗？那咱们一起摔好了！"说完，他就拿起家里的东西乱摔一通，摔了一地之后，自己又摔门出去了。

在外面游荡了一天，到了晚上，丈夫回来了。但是，家里却没有人，原来老婆已经走了，而且，到了深夜也没有回来。就这样，一连三天，他都没有老婆的消息。

丈夫心里着急了，一是怕她在外面有什么危险，二是怕她生闷气憋坏了身体。想到这里，他赶紧打电话跟老婆道歉："亲爱的老婆，都是我不好，我不该对你发火，我不该摔那么多东西。其实，我不是在乎你摔东西，我只是不想你养成这种习惯。你别生气了好吗？赶快回来吧。"

听了丈夫的话，老婆马上就回来了。而且，从此以后老婆再也没摔过任何东西，夫妻二人好像再也没因为一些小事而吵架。

犯了错和疏忽都是我们的不对，但人的一生谁又能不犯错，而再多的惋惜与抱怨也是挽留不回来的。只要对方不是一味地听任损失继续就不是不可原谅的，所以知错就改就是好样的。

相遇是缘，不是用来生气的。人的一生不可能永远地拥有什么，所以我们也没必要去惋惜什么。人生本来就是一场空，我们大多数人都是赤条条地来到这个世界，若干年后又赤手空拳地离去，最后的结果是四大皆空。所以，有度量接受不可改变的事情才是智者，人的一生不可能一帆风顺，没有什么想不开的事，也没有什么放不下的物，更不可能永久地拥有什么，失去时再悲伤也是徒劳的，还是豁达一些，把开心快乐带给周围的人，对自己也好，事情也自然会好起来。

3. 心怀宽广了，独一无二的你将大放光彩

一个人无论出身高低贵贱，只要拥有自己与众不同而坚强的个性，在我们还没有获得成功青睐之前，应该认清自己的个性与修养，了解自己的优点与缺点，不能怨天尤人，不要怪自己没有出身于名门望族，不能责怪机遇不好，而应扬长避短，多加强自身的素质与内涵。真诚地热爱的人生，同样可以受到他人的尊重。

中国古代著名军事家孙武说："静若处子，动若脱兔。"意思是说，军队未行动时就应该像未出嫁的女子那样安详沉静，而一旦行动起来又应该像逃脱的兔子那样迅速与敏捷。在这个浮躁喧嚣的世界里，静可以让我们心平气和、独处而不孤独；动可以让我们活力迸发、处众而不散乱。

在现代社会里，有个性就有优势，也只有个性化的东西才会有生命的活力。泰山拔地而起，显示了"动"的气势磅礴，所以造就了雄

伟的东岳；东海浩瀚无边，显示了"静"的阴柔与秀美，所以才有了大海的浩瀚与壮阔。因此，动与静乃相对而言，动中有静、静中有动，所以世间万物才呈现出千姿百态，展现了它的神奇莫测。虽然动和静犹如读书和跑步是两种截然相反的状态，但如果能做到"静若处子，动若脱兔"，我们的人生可以无忧与无惧。

美国前总统林肯被称为"世界上最伟大的总统"。但是，这样一个伟大的人物却出身卑微，从小到大都活在贫困之中。在当时的美国社会，没有一个良好的家庭背景是会遭人鄙夷的。出生在鞋匠家庭的林肯自然也不能例外。

由于没有显赫的家庭背景，林肯在出任总统前夕的一个参议院演说会上，遭到了他人无情的奚落与嘲弄。

当时的情况是这样的：

演说会刚开始，一个出身于美国贵族世家、有强大的家庭背景的参议员在众目睽睽之下出言不逊，对林肯大加讽刺，尤其对林肯的出身表现出鄙夷的神色。他用充满嘲讽的口吻说："林肯先生，在你开始无聊的演讲之前，我想提醒你永远都不要忘了自己是一个街头鞋匠的儿子。"他的话使台下的众人立刻哄堂大笑，纷纷窃窃私语，都在议论林肯卑微的出身以及他的家庭背景是多么微不足道。

这时，很多人都以为面对这种难堪的场面，林肯一定会尴尬地下不了台，从而狼狈地离开。但是，林肯既没有羞愧得无地自容，也没有尴尬地离开。他很平静地环顾了四周一下，然后心平气和地说："我非常感谢你使我想起了我的父亲，小时候我曾跟他学过修鞋的手艺。也谢谢你这么关心我，将我的家庭情况了解得一清二楚。虽然我

总有一天，所有人都会为你鼓掌

的父亲已经过世好多年了，但每当提起他，我就想起了一个伟大的鞋匠，想起他老人家勤劳善良的一生。所以，我一定会永远记住你的忠告，同时也警告自己做总统恐怕无法像父亲做鞋匠做得那么好，但我一定会尽心尽力，像父亲那样对每一个来修鞋的人负责到底。但是，有一件事是可以肯定的：我无法像他那么伟大，因为他的手艺与敬业的态度是无人能比的。不过，我一定会将他老人家的可贵品质继承下去，并发扬光大！"

林肯讲到这里禁不住热泪盈眶，陷入了对父亲的深深思念之中。这时，场内突然响起雷鸣般的掌声，之前的嘲笑与鄙夷顿时化作了殷切的鼓励——大家为林肯的真诚所感动。尤其是那位嘲笑林肯的议员顿时觉得自己无地自容，觉得自己再说什么都毫无意义，便灰溜溜地离开了。后来，林肯竞选成功，如愿当上了美国总统。

万事万物，因有个性而完美；芸芸众生，因有个性而永恒。正如世界上没有两片完全相同的树叶一样，世界上也没有两个完全相同的人，所以万事万物之间才有了差异、有了分工与不同，我们的世界才变得丰富多彩起来，我们的人生也变得精彩或意义无穷。

林肯的故事告诉我们，成功与一个人的身份背景没有多大的关系，学会坦然地面对自己的出身，我们应该从"出身高低"的狭隘思想中走出来。一个人无论出身高低贵贱，只要拥有自己与众不同而坚强的个性，在我们还没有获得成功青睐之前，应该认清自己的个性与修养，了解自己的优点与缺点，不能怨天尤人，不要怪自己没有出身于名门望族，不能责怪机遇不好，而应扬长避短，多加强自身的素质与内涵。真诚地热爱人生，同样可以受到他人的尊重。所以，做人要心怀广阔、张弛有度、动静相宜，这样的坚持，虽然需要一些天真、一些倔强，但总能让自己独特的个性为自己的人生添光加彩。

我们知道，万事万物都无时无刻不在动。所以，任何一种静止状态，都是有条件的、暂时的、过渡的，因而动与静因是相对的。而动中能静、静中能动的事物，才是最有魅力、最能创造神奇的混合物。而它不但是一种个性，也是一个心态，更是我们为人处世的箴言。

英雄不问出处，不论出身，"沧海横流方显英雄本色"。成功归功于你非凡的个人感染力，个性是成功的一笔财富，不随波逐流，保持你本身的特色，才有感染别人的能力。"泰山崩于前而色不变"的风度，是坚忍和刚毅的象征，是厚重如山的成熟，是富有智慧的朴素。不能保持自身的个性是一种"懦弱"，不能拥有平和的心态是一种愚昧，习惯性的礼节和从众的品质都是些没有个性的东西。那些软弱与无知的人总是随意改变自己的个性，那么，深谋远虑和所受的专业训练也都无济于事。

成功不在于阿附、颐指这样廉价的言谈，因为一切出色的东西都是诚实而朴素的。动与静，是我们心间的灵感，委婉中带着霸气；又是既宽容又从容的品格，张扬中略显含蓄。懂得珍惜又不吝啬给予，是真正高贵的灵魂。因为动或静的根本是依从自己的内心，是我们内心深处的澎湃，也是获得成功的一个重要因素。

4. 一沙一世界，种自己的菩提树

天才身上的某些东西，都可以在普通人身上找到萌芽。所以，并非大多数人命里注定不能成为开创世界纪录的超人或世界冠军，因为上天给了我们每个人无穷无尽的机会去充分发挥自己的特长。就看我们有没有用心，有没有将自己当宝，从而把自己的才能发挥得淋漓尽致。

乔·赫伯特说："在平静的水里，上帝会保佑我；在惊涛骇浪里，我只能依靠自己。"是的，在平安的时候，我们不用担心什么；而越是在危险当中，我们越是应该学会自救。而且，无论我们是弱智或不健全的人，还是一个大智大勇之人，我们都必须把自己看作自己的幸运之神，不要依靠任何人，更不要想着自己比别人差。要知道，来到这个世上的每一个人都是独一无二的，我们都有权活在这个世上，所以，我们都应当学会维护自己的权益。要知道，上帝造人时即已赋予每个人与众不同的特质，所以即使我们不是太优秀，也不要妄自菲薄，因为我们都是上帝赐给世间的恩宠，所以，我们的存在是别人无法取代的，我们应该珍惜自己。当他人怀疑我们的价值时，一定要勇敢地抬起头来，告诉他自己并不比他差什么，而且，或许还会比他强很多。

爱默生说："一个人要学会发现和观察自己内心深处闪烁的微弱的光亮，而不仅仅是注意诗人和圣贤辉耀天空的光彩。"是的，我们要学会相信自己，学会发现自己的优点与闪光之处，并让它和全人类的光亮融合在一起。才能成为真正的自己，才能使自己的生命更有意义。是的，不要去仰望人家的光彩，不要屈服权威的压力，不要盲从世俗的眼光，我就是我，对就是对，错就是错。前文中的小泽征尔，敢于相信自己的感觉与判断，不被大多数人认同的观点所左右，不盲目迷信评委权威，勇敢地坚持自己的信念，从而赢得了大家的称赞与认同。我们在别人的眼里，或许只是一只丑小鸭，这也没有什么大不了的，不要产生卑微的心态，因为丑小鸭或许有变成白天鹅的一天，或许我们本身就是一只白天鹅。要知道，其实一切都是自我意识的选择，关键在于我们自己是如何看待自己的，如果我们相信自己是一只白天鹅，那就真的会是一只白天鹅，而不是丑小鸭。

天才身上的某些东西，都可以在普通人身上找到萌芽。所以，并非大多数人命里注定不能成为开创世界纪录的超人或世界冠军，因为上天给了我们每个人无穷无尽的机会去充分发挥自己的特长。就看我们有没有用心，有没有将自己当宝，从而把自己的才能发挥得淋漓尽致。所以，生活中有很多事情"信则有，不信则无"，而不信却是自己打败自己的最强有力的武器。这是因为一个人的"认为"，就是心里对自己说的话，如果一个人经常对自己说："我天生就是个笨蛋！""我已经无可救药了！"等等，那么久而久之，连我们都会对自己产生怀疑，从而真的变得愚不可及或无可救药。因此，我们一定要学会喜欢自己，珍惜自己，因为除了我们自己本人，谁也不会真正地爱惜你，要知道，虽然广阔的宇宙不乏善举，但主动地将一粒富有营养的粮食送到我们面前的人并不多，所以，我们要不断发现自己的亮点，在积极心态的支配下，才能让自己生活得更加潇洒，更加健康。

5. 在不幸面前，你侧身就能看到春天

生活总是起起落落的，生活总是阳光与风雨同在的。是勇士就应当勇于直面人生，当我们走过人生的低潮与生活的冬季时，就能看到春天正慢慢地走来。

鲁迅先生曾说过："伟大的胸怀，应该表现出这样的气概——用笑脸迎接悲惨的厄运，用百倍的勇气来应付一切不幸。"是的，一个有所为的人就应该有一个广阔的胸怀，更有一种乐观的心态，当厄运出现的时候，不要害怕，而要微笑着去面对，要勇敢地想办法解决；当不幸降临时，要坚强起来，不能轻易地被打垮。要知道，生活在什么时候都不会是一帆风顺的，总是处处有荆棘，时时有坎坷。这时一种良好的心态，比一百种智慧强。是勇士就应当勇于直面人生，才可以在不幸中成长。

提起张海迪可能大家都不陌生，她被人誉为"当代保尔"，曾翻

译和著作过多部著名的作品，尤其是长达 30 万字的长篇小说《绝顶》问世后，更是加大了她的知名度，因为这本书被中宣部和国家新闻出版总署列为向"十六大"献礼重点图书并连获"全国第三届奋发文明进步图书奖""第二届中国女性文学奖""首届中国出版集团图书奖"等奖项。此后，张海迪成为全国人民学习的道德力量。此时的张海迪可谓是风光无限，誉满全球。可是，谁又知道她风光的背后残酷的命运与病魔的折磨。她在 5 岁时，就患了脊髓血管瘤，从而高位截瘫，从一个活泼可爱的女孩，变成了一个残疾儿童。但在这巨大的打击面前，她却以顽强的毅力接受了生活的挑战，勇敢地与疾病作斗争。她没有沉沦，没有沮丧，而是对自己充满了信心，对人生充满了希望。虽然没有机会走进校门，却始终发愤努力、坚持学习，用惊人的恒心与意志自学了小学和中学的全部课程，以及大学英语和日语、德语和世界语等，并且还自己攻读了大学本科和硕士研究生的课程。为她日后的翻译工作与文学创作，打下了坚实的基础。可以说，在不幸面前，她始终坚持着、拼搏着、奋斗着，谱写着自己坚强不屈的人生。

　　不幸，对于弱者来说是万丈深渊，一旦跌进人生的低谷往往永难翻身；而对勇者来说是一块垫脚石，他们不但可以勇敢地战胜它，还能使人在不幸中成长。所以，当厄运和不幸降临时，不要逃避，一个人不能学会面对不幸，就不会创造辉煌的人生。要知道，一帆风顺的生活只是庸人想象的"理想方案"，生活总是起起落落的，生活总是阳光与风雨同在的。是勇士就应当勇于直面人生，当我们走过人生的低潮与生活的冬季时，就能看到春天正慢慢地走来。翻开历史的页面，数不尽的英雄人物无不是在劫后重生的。比如被毛泽东赞为"一代天骄"的元太祖成吉思汗，9岁时他的父亲就被塔塔儿部人给毒死了，其后父亲的部众相继离去，年幼的他只好与母亲艰难度日，还经常受到一些仇人部落的追逐，曾被其他部落捉获，几次都险些遇害，但每次都勇敢地逃脱，而在诸多的不幸之后，终成大业；再比如王洛宾，其一生坎坷流离，曾一度妻离子散，居无定所，却强忍心中的悲苦，在不幸中创作了大量的西部民歌，后来被誉为"西部民歌之父"而获得了人们的敬仰。所以，不幸不可怕，它可以让勇敢而坚强的人得到成功。

在经济一向发达的美国，有位科学家在年轻未成名的时候，家里非常贫穷，不得不住在一间简陋杂乱的木板房里生活。这位年轻人，白天常常做一些苦力的零活以养家糊口，晚上回到家里，便又努力忙于研究之中。而且，这时往往是他最快乐的时刻，因为他完全沉浸在自己发明创造的乐趣中，而忘记了生活中的一切艰难困苦，并且一研究起来就废寝忘食。有一年，为了研究无线电波和煤气灯火焰之间的相互作用，由于正处于关键的时候，他便没有时间再出去工作。可是这样一来，本来就生活贫困的他，有一段时间穷得简直是一贫如洗。后来，他穷得身上只剩下一条破旧的裤子，为了简省节约，他总是时刻都提醒自己减少对衣服的磨损。还写下了一条"备忘录"："尽可能站着工作，只有这样，裤子才能维持到明年春天。"而且，为了节省鞋子，他就常常光着脚丫子工作。就是在如此节衣缩食、艰苦奋斗的环境之下，这位年轻人研究出了世界上第一只三极管，取得了世人瞩目的成就。他就是美国科学家德福列斯特。当时他所设计的这种新奇的玻璃管，是今天高度发展的电子文明的起源。

培根说过："奇迹多是从厄运中出现的。"是的，厄运对于生活的强者来说，是他们走向成功的阶梯。厄运过去，成功就会出现。因为在严冬期待春天的人，一定会迎来春暖花开的佳境。所以，一切厄运的磨炼都是他们一生中的财富，是厄运让他们扬起人生的风帆。像爱迪生耳聋之后，成为举世闻名的"发明大王"；音乐家贝多芬在患上耳疾，竟然在听力尽失的情况下完成了具有划时代意义的第三交响曲——《英雄交响曲》。这些都足以说明厄运和不幸带来的不一定是毁灭，顽强的毅力就是战胜它们的法宝。其实，人生在世，总免不了浮沉荣枯、成败得失，勇于在夜色中跋涉的人，就一定会听到雄鸡报晓的谛唱；熬过苦难的严冬，一定会迎来春暖花开的那一天。冬天到了，春天很快就会来，黑夜的尽头是黎明。

第九章
不断挑战自我，塑造最优秀的自己

对一个人来说，成功是实现一个目标，成功就是做最优秀的自己。我们在追求梦想的道路上，塑造最优秀的自己一直是核心。即使我们面临困境，即使我们暂时不够优秀，我们也要不断挑战自我，塑造最优秀的自己。因为只有时刻做到了最优秀的自己，我们才可能最大限度地变得优秀起来。而我们的优秀为人所认同的时候，也就是所有人为我们鼓掌的时候。

1. 学会规划时间，才能提高效率

　　好好珍惜自己的每一天，不要浪费自己的每一天。著名作家奥斯特洛夫斯基说："当他回首往事的时候，不因碌碌无为而羞耻，不因虚度年华而悔恨。"一个人的生命就应这样度过。

　　"最大的浪费莫过于浪费时间了。"这是大发明家爱迪生的人生格言。他常对自己的助手说："人生太短暂了，要多想办法，用极少的时间办更多的事情。"

　　是的，时间是有限的，每一天的时间我们都要去珍惜。古人说："一寸光阴，一寸金，寸金难买寸光阴。"不要虚度光阴，如果没有把时间放在有用的地方，那么以后人生将会留下阴影。太阳每天都是新的，我们应该珍惜自己的每一天。一年又一年的时间流逝，我们最初拥有的时间资源只会越来越少，如果我们的收获与时间不能成正比例，那可真是枉费了宝贵的人生。要想获得事业的成功，就要珍惜时间。

每一天对我们来说都是一个新鲜而又忠实的朋友，我们务必扎扎实实地去拥抱它，多追求一些有用的事物，忠实而真诚地对待它，力求把时间都应用在有益的事情上，那么我们所度过的每一分钟都会变得丰富而有情调。

曾有一个《留住今天的太阳》的故事：

有一个孩子想留住每一天的太阳。于是，他想了好多方法，比如把阳光关在房间里，把阳光锁在自己的百盒子里，把阳光抱在自己的怀里，把阳光含在嘴里等，但都没能把太阳留住。这让他很不开心。

祖母见到后，问他为什么不高兴。他把这个想法告诉了祖母，并让祖母帮助他把太阳留住。祖母听了他的话，微笑了一下，对他说："你只要每天在太阳落山前做完这一天所有重要的事情，就可以把太阳留住了。"

于是，这个孩子按照祖母说的，每天先做完自己的作业，再整理房间，到小花园里拔草，给小金鱼们喂食，坚持每天打网球，做一些自己喜欢的游戏，等等。他将时间排得满满的。当太阳落山的时候，一天下来，他总是过得既快乐又充实。

但是，当天黑时，他发现太阳还是下山了。他心里在高兴的同时又有些不明白。这时，祖母走过来，对他说："孩子，我猜你今天过得应该很快乐。你看你在做这些事情的时候，太阳一直陪伴着你，不是已经留住今天的太阳了吗？"

听了祖母的话，他若有所悟地点点头。后来，这个孩子一天天长大，也渐渐地明白怎么留住太阳的道理。

"尽管明天还会旭日东升"，但永远不会是今天的太阳。"濯足急流，抽足再人，已非前水"，明天的太阳，不是今天的日期。所以，让我们一切从零开始，虔诚地对待自己的每一天。因此，每一件事情如果明天再去做的话，就不是原来的样子，一旦错过，再回头就已面目全非。我们应该像上文中祖母说的那样"你只要每天在太阳落山前做完这一天所有重要的事情，就可以把太阳留住了"。留住今天的太阳，我们就不会再虚度光阴；学会珍惜时间，我们的生命就更有价值。

业精于勤，荒于嬉。我们要想取得理想的成绩，就应当努力、刻苦、坚韧，构成一个天天向上的绝佳姿势。勤奋是诸多因素中至关重要的，抓紧时间就是走向成功的基石。对任何的成功者来说，没有一番吃苦耐劳、天天勤奋如一的努力肯定是无法达成的。如果思想怠惰，总想让"生命"多休息、多娱乐一会儿，那么我们的收益就只能寥寥无几，等我们渐渐老去又一事无成，那么无疑是一件最可悲的事。流过的光阴永远也等不回来了，浪费时间就是在挥霍生命。我们的生命总是弹指一挥间，无比短暂，不利用了好时间，就毁了一生。

有一位老者从工作岗位上退休后已经60多岁了，但他没有像其他老年人那样在棋牌室或者是一些老年人娱乐场去安享晚年，而是又努力地学习了两年。

之后，他又和一群年轻人一起去参加全国统一的律师证考试。当时，很多人都不看好他，而且很多年轻人都不明白他的举动。经过几轮激烈角逐后，这位老者竟然令人意外地通过了，而许多朝气蓬勃的年轻人却纷纷落榜。

于是，一些记者慕名前来采访，想知道他都已经退休了为什么还要与年轻人一起参加考试。"我这是在弥补生命，因为年轻的时候我没能抓住这个机会。那时总以为青春还有一大把，便总是任意地挥霍时间，也失去了很多成功的机会。现在到了垂暮之年，我才发现被自己浪费掉的东西太多了，而且也赶不上社会潮流了。所以，我想再不珍惜时间，生活就要虚度完了。因此就想抓住有生之年，让自己赶上时代的末班车……"老者非常感慨地说。

《长歌行》中说："少壮不努力，老大徒伤悲。"为了我们白发苍苍时不后悔，为了对自己的人生负责，为了将来的幸福生活，我们必须要珍惜我们活着的每一天，珍惜我们的青春年华，认真过好我们的每一天。

"早起的鸟儿有食吃"，在当今激烈竞争的社会，每一分钟都是十分可贵的。而且，世间没有一种有价值的东西是不经过辛勤劳动而获得的。等待一分钟就意味着失去了机会、失去了财富；虚度一小时，就等于浪费掉了一时的生命。如此这般，当历史的长河流过千秋万载，抹去的便是庸庸无为，留下的则是奋斗得来的辉煌篇章。富兰克林说："年轻人最宝贵的资源是时间，但如果不充分利用时间来换取其他的资源，那最后的结果只能是白白地浪费了自己的青春。"年轻的我们一定要有"莫等闲，白了少年头，空悲切"的壮志，从而努力地工作，多做一些富有意义的事情，比如，他人休息时，自己去学习；他人去旅行时，自己去工作。因为多学习一些新知识与技能，才能每天都使自己有所进步，才能不断地改装自己这台机械，才能有所收获，从而适应未来社会对自己的要求。

一家中外合资的大型企业单位同时招了两个毕业于名牌大学的员工。这两人都是毕业于名牌大学的高才生，他们的才华旗鼓相当，年龄也接近。于是，单位里很多老员工都认为他们将来在公司里的作为也肯定会相差无几。但是，将来的事情，谁能说得清楚呢？尤其关于个人的作为。

虽然他们两个的起点相近，但两人的做事原则与个人行为也大不相同。其中，一个员工虽然生得一副机灵的模样，但整天夸夸其谈，巧舌如簧，他的口才总能讨得他人的欢心。很快，公司里上上下下的人都喜欢上了他。但是，他在工作上却很不踏实，做事能力远不如他的口才那么好。一碰到烦琐的事情，他不是往后躲，就是丢三落四地拖好几天还做不完。就是勉强完成的工作，也不够精确，常常错误百出。

不仅如此，他还常常找借口让一同招来的另一名新同事替他去做。尤其是一些不好做的事情，他总是推给人家。虽然他刚开始还比较招人喜欢，但他的一些不良行为渐渐引起了上司的注意，并对他的工作越来越不满意。试用期一到，这个员工就被上司辞退了。

而另一名新员工，虽然看着一副老实憨厚的模样，说话也不太机灵，但上司交代的工作任务总能按时完成，并且做起事来踏实诚恳，完成得非常出色。不仅如此，他还比较勤快，总是抽时间帮同事们做一些事情。

同事们虽然一开始不怎么喜欢他，但看到他这么勤快、诚实，渐渐地都愿意帮助他了。就这样，他很快使工作有了进一步的小发展。上司看在眼里。试用期到了之后，公司决定留下他重用。

时间是公平的，它给每个人的一天都是 24 小时，就看你怎么去对待它。虽然我们不可能留住太阳，但我们可以比太阳走得快一步。我们只要每天早晨早起床一会儿，就可以把太阳多留住一会儿。我们不应该让青春的大好时光在指缝间溜走，让等待的颓废磨圆青春的棱角。我们应该在空气清新的早晨里充实自己，计划着一天的行程，要从美好的黎明开始，就会让我们将这一天过得更充实、更有意义。好好珍惜自己的每一天，不要浪费自己的每一天。著名作家奥斯特洛夫斯基说："当他回首往事的时候，不因碌碌无为而羞耻，不因虚度年华而悔恨。"一个人的生命就应这样度过。切莫让生命去等待，应该在最短的时间里做出抉择。谁拿自己的生命去做游戏，谁就会后悔人生。一个真正有事业心的人应该把全部精力倾注于工作上，而不是甘心于守株待兔般的等待，更不是好逸恶劳，虽然每个人都是有"惰"性的，但我们一定要敏于勤而疏于懒。我们只有有意识地规避惰性，才能踏实地干好自己的工作。只有善待每一分钟，在自己的工作岗位上一刻也不放弃，才能造就明天的辉煌。

2.敢于做将军，才不会当逃兵

当困难来临的时候，别想着去逃避，要想着如何努力克服它，战胜它，这才是生存的法则。当我们害怕困难的时候，困难就会像大山一样压得我们喘不过气来，因为人人都有趋利避害的畏难心理。如果我们不怕困难、勇于扛起，就会发现困难并没有我们想象中的那么强大。

"不想当将军的士兵不是好士兵。"拿破仑的一句经典名言不知激励了多少人奋发向上而成功。不进则退，不求上进的结果必然导致整体水平提高以后，自己落在标准之外。所以，抱怨与逃避，都是在做无用的减法。不敢进步、不敢争先、不敢向前，这样的士兵自然不会是一个"好士兵"。没有收获，是因为付出得不够多或者是因为不敢突破自我。当将军，是我们前进的动力，有了动力、有了拼搏，我们的生活才会丰富多彩。

我们每个人都要有属于自己的梦想，都要有上进心，都要有自己奋斗的目标，哪怕每天进步一点点也是好的，再难以忍受，再不能坚持，再不可理喻，也不可以逃避，这样我们也不会因为感觉生命没有意义而平庸一生。否则，不进则退，就只有被生活、被时代所淘汰的份儿。因而，我们一定要抛开心中的顾虑，关键的时候放手一搏，不做自己的逃兵，才有可能自我突破，成就自己。

英国的一个心理学家，曾用催眠的方式给一些人做过一次自信测试的心理试验。他先给两组实验者，分别做了不同的催眠术。

他对第一组的人进行催眠试验时，跟他们说："睡着吧睡着吧，当你们睡醒之后你们就已经变成婴儿了。这时你们的身体非常虚弱，因为你们的全身都已经变得细小了。你的四肢柔软无力，你们的手指像小鸟爪子一样纤弱……"

然后，他给每一位受测者一个握力器。结果，受测者的平均握力只是29磅。

这位心理学家又对第二组的人进行催眠实验。他在他们耳边低声地说："吃了吧，吃了吧，滴在你们口中的是世界上最强效果的营养液，这是世界冠军泰森曾经用过的。用过它之后你就可以像泰森一样强壮，并且会力大无穷。"

之后，他给他们每人一个握力器。结果，测他们的平均握力为142磅。

测试的两种结果，真是令人大感意外。因为清醒状态下，两组人的正常平均握力是101磅。由此可见，心理暗示的影响多么强大。尤其是自信所产生的心理暗示力量更是大得惊人。而消极的心理暗示带来的负面效果也可怕得惊人。

自信是成就事业的基石和首要条件，虽然有信心不一定会赢，但失去信心一定会输，就像不敢当将军的士兵一样，必然不会在战争中取得卓越的战绩。相信自己，拿出信心，拿出勇气，才能使事业有所进步，才能在自己的人生蓝图上描绘美丽的景色。

但是，生活中却有很多人，不但不敢奢求理想，而且连拿起画笔的信心都没有，又怎么能描绘七色的彩图呢？假如说一名士兵连想当将军这样的理想或目标都不敢树立，那他的实际情况别说做一名优秀士兵，恐怕连一名普通的士兵也不够格。那么，这样的士兵又怎么能安心地驻守部队，又怎么可以扎根边疆、保家卫国呢？他既不想着建功立业，更不想着怎样树立宏伟远大的理想，而是想着如何得过且过，如何让日子过得滋润舒服，这就是他们最大的理想。

在生活中，我们常常听到一些人说"这个工作不适合我"或"我不是学这种事的料"。真的是这样吗？别为自己的慵懒找借口，说自己做不成或说自己做什么都不行，无非是懦弱的表现。试问，那什么工作适合你？你又是学什么的料呢？

谁没有遇到过挫折与伤痛，谁的人生没有遇到过瓶颈，生活本来就是喜忧参半的。所以，再大的坎坷也不代表我们就此沦陷于平庸，也不代表我们失去了能力。这种心态如果长期左右我们的行动，很容易导致我们一无所成。如果我们能经常给自己正面的、积极的暗示，那么我们就会越来越自信，能力会越来越提高。所以，遇到困难就逃避更不是办法，成功的人生不能畏惧惊涛骇浪，我们不做自己的逃兵，要敢于在沧海横流中一试身手。

曾有这样一则寓言故事：

一个农夫很特别，到了农忙的季节别人都在忙着收获与播种，他却什么也不干，整天在自己家的田地边瞎转悠，一副清闲优哉的样子。到了秋天，他又在自己家的田地边转悠。

一个人看见他，感到很奇怪，问他："别人都在田里种麦子，你怎么不种？"

"种它干吗？我才不种呢！"农夫回答。

"为什么？"那人问。

"如果种上以后，老天不下雨怎么办？"农夫说。

就这样，他的田里什么也不种，也与人家一样熬过了一个季节。转眼又到种玉米的时候，那个人见他又在田地边转悠，便又问："今年你种玉米了吗？"

"没有，我担心长出的玉米棒子被虫子吃掉了。"农夫说。

"哦，那你打算要种什么呢？"那人又问。

"要种什么，我现在还没考虑好。不过，我觉着出于安全考虑，如果没有万全之策，还是什么都不种的好。"农夫说。

听了农夫的话，那人哭笑不得："对，什么都不种才是最安全的。等你的万全之策想好，恐怕你就要饿死啦！"

人生中如果没有了任何困难，也就丧失了一切潜能和机遇。不管是谁，要想生活在一个没有任何困难、风险的世界，那只能是一个无法实现的幻想。一个不愿冒任何风险的人，就像那个农夫一样，什么也不去做，虽然很保险，但到头来也终会一无所获。就像不想当将军的士兵不是好士兵一样，一个人如果没有敢想敢说的冲劲，终将会一无所获、一事无成。

　　无数的生活经验告诉我们，每个人的一生中，风险几乎无处不在，困难也比比皆是。逃避是懦夫的作为，最终只能带来更多的危机。所以，一味地畏惧困难，逃避现实，就没有了青年人的朝气而多了老气横秋的样子，从而认为自己这也做不了，那也做不了，而没有一点斗志。

　　困难像弹簧，你弱它就强。当困难来临的时候，我们别想着去逃避，而是想着如何努力克服它，战胜它，这才是生存的法则。而当我们害怕困难的时候，困难就会像大山一样压得我们喘不过气来，因为人人都有趋利避害的畏难心理。如果我们不怕困难、勇于扛起，就会发现困难并没有我们想象中的那么强大。

　　所以，我们要与自己的懒散、退缩、逃避行为进行战斗，战胜了自己就没有战胜不了的敌人。要知道任何看似巨大的困难在我们勇敢地挑战之下，都会变得很渺小。在困难面前，我们需要的是一种坦然面对的勇气。对困难能真正地泰然处之、坦然面对是真正的大智慧。当我们面对生活，不做逃兵的时候，就是战胜自己、战胜一切的时候。

总有一天，所有人都会为你鼓掌

3. 做好每一件小事，心无旁骛则无往不胜

世界上大凡成功的人，也与我们一样做着同样简单的小事，只是他们能够对工作中出现的每一个细微变化都保持高度注意力，他们从不认为正在做的事是简单的小事，从而对生活中的每一件事都迅速做出准确的反应和判断，所以才提高了他们做事成功的概率。所以，我们要成功，就要努力做好每一件看似甚微的小事。

世界文豪伏尔泰说："使人疲惫的不是远方的高山，而是你鞋里的一粒沙子。"好高骛远是不切实际的，把眼前的小事做好才是做大事的基础。很多时候，一件看起来微不足道的小事却与大事息息相通，一个毫不起眼的变化却能在关键时刻起作用。所以，不管做什么事情，一定要用心做好，即使是一件很小的事情，也不可轻视。敷衍了事、马马虎虎的态度工作，只能使事情毁于一旦。

据说，有一位叫峨山的禅师对禅理的领悟非常深刻。因此他也很

受推崇，而拥有众多弟子。

随着岁月的变换，峨山禅师渐渐地老了，但他不想安享清福，仍然做一些力所能及的事情，比如洗衣服、打扫房间的卫生等，都是亲自去做。

一天，峨山禅师在院子里晒被子，虽然一床棉被不算太重，但由于年纪的原因却将他累得气喘吁吁、满脸都是汗珠儿。这时，一个来寺院的信徒看到了，有些不解地说："人人都知道您是一个德高望重的人，有那么多弟子，这些小事为什么不让他们来做呢？看把您给累的。"

"累一点有什么？自己的事情为什么要让别人去做呢？再说，人老了不做点儿小事，还能做什么呢？"峨山禅师微笑着说。

"您可以做些轻松的事情呀，比如打坐修行。"信徒说。

"想修行就不要总想着轻松，其实修行有很多种方式，比如佛陀为弟子穿针，为弟子加持，为弟子煎药等。"峨山禅师说。

"啊？这样的小事也是修行吗？"信徒惊讶地说。

"难道做小事就不是修行吗？世间大事无不是由小积累而来的呀！"峨山禅师仍然微笑着说。

"哦……"这位信徒好像明白了什么。

这个禅学故事反映了一个深刻的道理：事无巨细，成功是由一件一件的普通小事积累起来的，它们虽然看起来微不足道，却是成大事的基础，我们不能因为它小就忽视它，而不想去做它。

再小的事情做到极致也能成就大事，正像峨山禅师所言，做小事也是修行。做事情时好高骛远，一步登天是妄想，是不切实际的。一些在各行各业出类拔萃的人，他们的共同特点就是能完成100%而坚决不只完成99%；专注细节，坚持把小事做到完美。所以，凡事只要用心去做，不管大事小事都尽心尽力，才能达到自己想要的效果，保持清醒的头脑与高度的责任心。

其实，世界上大凡成功的人，也与我们一样做着同样简单的小事，只是他们能够对工作中出现的每一个细微变化都保持高度注意力，他们从不认为正在做的事是简单的小事，从而对生活中的每一件事都迅速做出准确的反应和判断，所以才提高了他们做事成功的概率。所以，我们要成功，就要努力做好每一件看似甚微的小事。

在一场奥林匹克比赛的决赛上，又有一个年轻选手打破新的世界纪录，赢得了冠军——米奇尔·斯通。那一刻，鲜花、奖金及荣誉等纷纷送到米奇尔·斯通手里。在这次总决赛中，他把自己的最好成绩提高了95英寸，取得了当时最好的成绩。但是，各大媒体与观众纷纷关注他，为他欢呼，其原因不仅是因为他取得了好成绩，而且还因为他是个盲人———一个盲人能取得世人瞩目的成绩，确实不易，其中的难度可想而知。

在取得辉煌成就的那一刻，米奇尔·斯通只有17岁。比赛开始前的那一刻，他曾感到剧烈的紧张和不安，因为他面临着自己撑竿生涯中最富挑战性的时刻。不过，虽然此时他的心脏在怦怦直跳，但他还是对自己充满信心。他做了几下深呼吸，之后身体在草地上翻滚了几圈，然后闭上眼睛，双手上举，心中默默祈祷了三次。

那个虔诚的样子，可以看出他对自己的这次比赛是多么的用心。他小心地拿起撑竿，稳稳站定，双手轻轻举起，把撑竿轻轻地置于脚下。这每一个动作，他都做得那么仔细而用心，虽然他的眼睛看不见，但动作的精确却无比纯熟，使人感觉到他的身心、心灵与这些动作融合在了一起。

果然，他缓缓地伸开胳膊，稳稳地抬起身体，然后轻快地飘然逝去。飞行的时刻到来了，他觉得跑道与往日不同却又很熟悉，他的心情紧张又平静，他觉得自己就像在童年的梦幻中一样，飞翔得毫不费力，并且有着雄鹰翱翔蓝天的威严。乡间小路，岩石、土块、金色麦田纷纷涌入脑海，并愈来愈清晰，使他觉得自己就像真看见了一样……

这时看台上响起一阵阵的欢呼声，一瞬间，米奇尔跳跃了 17 英尺 6.5 英寸的高度——创下了一项世界级的青年锦标赛纪录。当他还没有从自己那奇妙的感觉中反应过来时，就马上被人群包围了，人们与他激动地拥抱，热烈地祝贺他生命中辉煌的成就。

美国质量管理专家菲利普·克劳斯比说："一个由数以百万计的个人行动所构成的公司经不起其中 1% 或 2% 的行动偏离正轨。"凡事用心做才能完美，马马虎虎是不可能做精确的，所以，任何的敷衍可能一时欺骗得了别人，但永远也无法欺骗自己的前途和良知。认真地把每一件简单的事做好，把每一件事情做到位，就意味着成功的第一步。像米奇尔一个盲人，竟然可以打破正常人才能保持的世界纪录，这在存在一定天赋的同时说明了他是多么的一心一意去做自己认为有必要的小事情。年纪轻轻就克服掉了享受的懒惰心理，可以进行周密详细的训练，从而专心于自己的梦想，这是一种什么样的概念？

千里之行，始于足下；合抱之木，生于毫末。专注细节，看重小事，脚踏实地，认真负责，心无旁骛，勇往直前，才能够达到专业与精通，才能使壮丽的事业得以实现。

4. 有了目标便积极去咬定不放松

那些没有目标或用心不专、左右摇摆的人，他们所做的努力是注定要失败的。因为他们没有自己的人生目标，不知道该何去何从，一会儿向东，一会儿向西，一阵子做做这个行业，一段时间又试试那个工作，虽然也付出了很多努力，折腾来折腾去的，却始终到达不了成功的彼岸。

确立合理目标，人生不再茫然。没有目标的人就没有明确前进的方向，有什么样的目标就有什么样的人生。生活中的许多人并不缺少能力与智力，但由于没有选准目标，没有执着的精神，便没有走上成功之途。

培根说："跛足而不迷路的人，能赶过虽健步如飞但误入歧途的人。"是的，那些没有目标或用心不专、左右摇摆的人，他们所做的努力是注定要失败的。因为他们没有自己的人生目标，不知道该何去何从，一会儿向东，一会儿向西，一阵子做做这个行业，一段时间又试试那个工作，虽然也付出了很多努力，折腾来折腾去的，却始终到达不了成功的彼岸。就如一位百发百中的神射手，虽然他技艺高超，但却是漫无目标地乱射一通，如此，他又怎么能在比赛中获胜呢？所以，执着与专一的精神非常重要。一个人只有专注做一件重要的事情，而不理会诱惑或者外界的一切干扰，只有"把你的心专注在一个地方"，并坚持下去，就有收获。

有一个寓言故事：

一个喜欢射猎的父亲有三个儿子。

一天，父亲带着三个儿子到草原上去猎杀野兔，并想试一下他们猎获野兽的能力。到草原上后，他先选了一块野兔经常出没的地方，告诉儿子将一切准备妥当，比如，拿出猎枪、子弹装好、推上枪膛，并让他们拿好猎枪。

然后，父亲向儿子们提出一个问题："你们看到了什么？"

大儿子先回答说："我看到了刺猬、野兔、羚羊等动物，还有一望无际的草原。"

父亲听后，摇摇头说："不对。"

接着，他又问二儿子。老二回答说："我看到了哥哥、弟弟、父亲，还有哥哥说的那些。"

父亲听了，仍然摇了摇头，说："还是不对。"

最后，他又问小儿子看到了什么。"我只看到了野兔，别的什么也没看见。"三儿子说。

"呵呵，好极了！"父亲拍着三儿子的肩膀，说，"你是最棒的，现在就开始射击！"

老三听了父亲的话，"砰"的一枪就射了出去。接着，父亲看到那只野兔应声倒地。

这时，父亲又对另外两个儿子说："你们知道吗？真正优秀的猎手，眼里只有目标，而没有其他的东西，这一点你们应该向弟弟学习。"

成功离不开明确的目标，有了目标才有动力去追求与奋斗。一个人只要目标清晰、明确，并始终专注于它，就能够最终实现目标。在生活中，我们确定的目标一定要专一，因为目标过多会使人无所适从，应接不暇，忙于应付。不管是一个组织、一个企业、一个团队，如果在工作上不能做到专一、专注、专心以及专业，总是什么都想做，在业务上涉及很多，那么到头来很有可能什么都做不好，由于做事不精而导致一事无成。因此，我们如果能聚精会神去做一件事，把人生目标集中到一点上，才能创造出奇迹。当然，在确立目标之前，我们一定要做深入细致的思考，从众多可供选择的目标中确立一个最主要的，然后专心致志、为它献身，而不是三心二意什么都想做。在专注目标的基础上，加上自己的努力，这样我们才能将这个目标做好，从而取得超越常人的成就。

奥古斯特·罗丹是法国著名的雕塑家，但在青年时期罗丹的家境却十分贫寒，常常过着食不果腹的生活，但贫困的生活并没有阻碍他的艺术之路，他经常饿着肚子创作自己喜欢的雕塑。而且，这种专注精神是成年累月的，几乎从没有间断过。

为了学习更精确的雕塑技术，罗丹去了巴黎，拜著名雕塑家勒考克为师。他对于艺术的专注精神态度感动了老师，使勒考克对这个勤奋又有天赋的弟子青睐有加，希望他有朝一日能继承自己的衣钵，便在众多的子弟中对他另眼相看。而罗丹更是不负老师的厚望，总是刻苦地专心于自己的事业。

为了有更多的时间学去，他总是边走边随便吃点什么，很少像别人那样坐在桌子旁吃午饭。在每个周六晚上，他都要连夜画出想要的雕塑的形象草图，星期天再埋头进行雕塑创作。为了培养自己的想象力和观察力，在学习雕塑最初几年里，他每天都要徜徉于塞纳河两岸的大道，流连于巴黎广场、花园中古代建筑等一些地方，仔细地观察着周围的一切；并随身带着一个小本子，随时随地为巴黎以及巴黎人画了无数的写生。

经过几年的刻苦练习，罗丹决定去参加国家最高级美术学院的入学考试。在考试的时候，他的塑像使在场所有考生与考官都露出惊讶的神色——他知道自己成功了。可是，最后却由于主考官的门户之见，他竟然落选了。进入美术学院的梦想就这样破灭了，罗丹非常悲愤。

为了生计，他不得不先找一份做建筑物装饰的活儿。但是，这份工作仅做了一年，罗丹就发现自己根本无法忘记雕塑，根本无法专心地去做其他事情。于是，他又重新去找自己的老师，回到勒考克的工作室。这次，罗丹下定决心：今后不管发生什么事情都要将雕塑进到到底。

后来，他历尽磨难，不辞辛苦，终于相继完成了《思想者》《吻》《巴尔扎克》等传世的雕塑作品。随着这些绝品的闻名，他最终成为一流的雕塑艺术大师。

　　成名之后的罗丹，更加醉心于自己的雕塑事业。当时著名的奥地利诗人茨威格去拜访他。罗丹正在工作室里雕塑一尊女子的半身像，见到茨威格，罗丹问候了几句之后，便不由自主地将自己的心思转移到雕塑上去了。只见他一会儿喃喃自语，"这只胳膊上的线条仍显太硬……"就拿起了雕刻刀，在塑像上轻轻拂过；一会儿又说："还有这里，这里……"就又做了几处修改，雕塑的人体顿时发出更细腻的光泽。然后，他后退一步，细细观察自己的雕塑，脸上时而微笑、时而皱眉。

　　就这样，他一边观察、一边修饰，嘴里还不停地喃喃自语。看到他这个样子，茨威格明白罗丹已经完全沉浸于他的创作中，忽略了自己的存在。他并没有打断罗丹的创作，而是在一旁静静地等候。直到整个雕塑满意地完成，罗丹丢下雕刻刀，回过神儿来，才想起茨威格的来访，才感到有些不好意思，赶忙道歉："对不起，先生，我忘了您在这儿了……"茨威格却紧握着罗丹的手，感动得说不出话来。

　　"拙劣的艺术家永远戴着别人的眼镜。"这是奥古斯特·罗丹的名言，经常变换目标，不能专心致志，是不可能取得较高成就的；专注于自己的目标，持之以恒，才能将某一项技能做精做好。可以说罗丹所取得的成就，无不得益于他对雕塑的专注精神。蔡元培说过："不怕事难干，就怕心不专。"一个人只有确立一个目标，并聚集所有的能量为这一个目标服务，将主要精力集中在这个领域，才能成为这个行业的专家。在太多的领域内都付出努力，我们就难免会分散精力，阻碍进步。而许多成功人士之所以成功，就是因为他们总是盯住一个目标不放，面对其他诸多的诱惑，总是无动于衷，总是致力于当下的事情，这正是他们成功的关键因素之一。

5. 展现优秀的自我，才能无可取代

这个世界上所有的东西与美好的事物都需要我们主动去争取。生活中，有很多人安于现状、不思进取、害怕失败，他们只能永远滞留在没有成功的起点上。因为幸福不会自动降临到一个人身上，机会也不会自动送上门来。

机遇总是留给那些主动出击、善于创造机会的人，因为当我们主动的时候，一切将变得容易，也将更容易实现。可以说，生活中的一切都是靠主动争取而得来的，尤其是一些美好的事物无不是靠我们努力地争取才能拥有，比如学习的机会，升职的机会，幸福的婚姻、健康的身体，以及财富、友谊、工作、快乐等。因为只有主动一些，才有可能从最平淡无奇的生活中找到一丝机会。当我们想提高自己的演讲能力时，就必须在公众场合主动发言；当我们想晋升职位时，更要主动地去努力、去争取。只有我们采取积极的行动，才能使人生之路

向着自己理想的方向去发展。

可以说，这个世界上所有的东西与美好的事物都需要我们主动去争取。生活中，有很多人安于现状、不思进取、害怕失败，他们只能永远滞留在没有成功的起点上。因为幸福不会自动降临到一个人身上，机会也不会自动送上门来。一个人不管有多么的优秀，但如果过于安分守旧，不肯做一点分外的事时，不肯有一点主动的行为，那么也往往会颗粒无收。

所以，生活是公平的，流了多少汗水，就会有多少收获；每天做了多少事，就会有多少成就。所以，主动是一种极其珍贵的素质，它能使我们变得敏捷能干，更能使一切不可能变为可能。只有这样，我们的生活才会变得和谐，我们的人生才会变得更美好。人生不能守株待兔，而应主动出击。尤其是年轻人，如果想使自己从人才济济的社会竞争中脱颖而出，就一定要主动地去争取。

在美国有一家兄弟三人，全在一家公司上班。他们不但年龄差不了几岁，而且在学历与知识水平等方面也相差无几，但三人的薪水数目却相差很多。他们的父亲迷惑不解，觉得自己这三个儿子在各方面都差不多，为什么所得的报酬差那么多？于是，他去向这家公司的经理询问原因。他说："总经理先生，我这三个儿子在学历与知识水平等方面都相差无几，那为什么老大的周薪是 300 美元，老二的周薪是 400 美元，而老三的周薪只有 500 美元，您是不是对他们某一个有偏见呢？"

公司的总经理听了这父亲的话，笑着说："我能对自己的员工存在什么偏见呢？其实，他们的薪水与他们的工作方式有直接关系，我给他们的工作报酬是与他们自己工作的成就挂钩的。我这样说你可能不大明白，我现在叫他们三个人去做一件相同的事，你只要在旁边看看他们的表现，就会明白其中的原因了。"

总经理先把老大叫来，对他说："现在我让你去调查停泊在东海港口的那艘天蓝色的货船，你将船上皮毛的数量、价格和品质都记录下来，然后告诉我。""好的，经理。"老大答应了之后就立即去办了。不过，约5分钟后他就过来了，告诉经理说他已经用电话询问过了。之后，就将所询问的情况向经理汇报了一下。这样一个电话就完成了这个任务。

接着，经理又把老二叫来，告诉他去做同样的事情。老二也非常爽快地答应了，之后就立即去办了，约45分钟后，他回来了。并且，他急得满头大汗，一见到经理就赶紧汇报自己的工作情况，并将船上的货物数量、品质等也报告了出来。

最后，经理又把老三找来，也吩咐他去做同样的事情。老三接到工作任务后，也立马出发了。不过，他在一个半小时之后才回到了公司。但他没有马上急着向经理汇报工作情况，而是将一份资料交给经理看，上面是他详细调查的经过，他说他将船上最有商业价值的货物都详细记录下来了，如果公司有需要的话，就可以进行进一步的洽谈。并且，还告诉经理，除了指定的事情之外，他又到其他两家皮毛公司询问了货的品质、价格，而且还请了那两家公司的负责人明天上午10点左右到他们公司来一趟。

这时，父亲在旁边仔细地观察了这三兄弟的工作表现，之后他恍然大悟地说："哎，看来他们的报酬是不应该相同的，因为没有什么比他们的实际行动更能说明这一切的了。"

在生活中，有很多人做事都不愿意主动，总是习惯于他的要求与安排，或总是他人一再地督促才能勉强完成，自己从来都没有主动地去要求过或主动地去争取过。有时甚至连上司或他人交代给自己的工作也不能按时做好，而这种一贯被动的人，总是想方设法拖延、敷衍自己应该做的事情，可是，久而久之这种被动的态度自然会导致工作效率下降，从而影响事情的发展以及危害自己的前途。比如，有些人在乘公交车时，总是不愿主动找座位坐，通常都是在上车时最初的落脚之处，保持一个姿势一直站到下车，这可谓时最典型的保守家，不知道变换与变通，更不知道主动地求新与改变，他们在生活中不但不会主动争取新的事做，还总是喜欢将一些现成的事情拖到最后，所以，这样的人在工作中往往会失去很多晋职或加薪的机会，同样在生活中他们往往会有好多好多的"不可能"。因为几乎所有的单位领导都希望自己的职员是一个有进取心，并主动做事的人，因为只有主动进取才能为公司带来更多的利益。所以，在一个单位之中，员工做事的态度决定着产品的质量与效益。有责任心、能主动的人，才能挑起公司发展的大梁。要知道，一件事情的成功与否首先是一个态度问题。因为只有拥有勤恳与积极主动的精神，我们才可以握有一张人生旅途永远的座位票。